土建施工验收技能实战应用图解丛书

钢筋工程施工与验收实战应用图解

本书编委会 编

中国建筑工业出版社

图书在版编目（CIP）数据

钢筋工程施工与验收实战应用图解/《钢筋工程施工
与验收实战应用图解》编委会编. —北京：中国建筑
工业出版社，2017.7（2022.11重印）
（土建施工验收技能实战应用图解丛书）
ISBN 978-7-112-20804-3

Ⅰ.①钢… Ⅱ.①钢… Ⅲ.①配筋工程-工程施
工-图解②配筋工程-工程验收-图解 Ⅳ.①
TU755.3-64

中国版本图书馆 CIP 数据核字（2017）第 116473 号

本书内容共 3 章，包括钢筋读图识图实例解析；基础钢筋工程施工与验收；
主体结构钢筋工程施工与验收。本书内容图文并茂，通俗易懂。紧密结合现行建
筑行业规范、标准及图集进行编写，适于施工一线人员和大中专院校相关专业师
生学习使用。

责任编辑：张　磊　万　李
责任设计：李志立
责任校对：王宇枢　焦　乐

土建施工验收技能实战应用图解丛书
钢筋工程施工与验收实战应用图解
本书编委会　编

*

中国建筑工业出版社出版、发行（北京海淀三里河路 9 号）
各地新华书店、建筑书店经销
霸州市顺浩图文科技发展有限公司制版
北京建筑工业印刷厂印刷

*

开本：787×1092 毫米　1/16　印张：11½　字数：277 千字
2017 年 10 月第一版　　2022 年 11 月第四次印刷
定价：**48.00** 元
ISBN 978-7-112-20804-3
（39427）

本书编委会

主　　编：赵志刚　唐国栋

副 主 编：刘　琰　薛　平　石春雷　王国棉

参编人员：方　园　刘　锐　胡亚召　李大炯　谭　达

　　　　　邢志敏　杨文通　时春超　张院卫　章和何

　　　　　曾　雄　陈少东　吴　闯　操岳林　黄明辉

　　　　　殷广建　李大炯　钱传彬　刘建新　刘　桐

　　　　　闫　冬　唐福钧　娄　鹏　陈德荣　周业凯

　　　　　陈　曦　艾成豫　龚　聪　韩　潇

前　　言

随着社会的发展和建筑行业的新常态，建筑市场应用型人才受到越来越多企业的青睐。在国家提倡多层次办学以及应用型人才实际需要的情况下，特地为高职高专、大中专土木工程类及相关专业学生和土木工程技术与管理人员编写此本建筑专业技术书籍。

本书共分三章，主要内容为：钢筋读图识图实例解析；基础钢筋工程施工与验收；主体结构钢筋工程施工与验收。

此书具有如下特点：

(1) 图文并茂，通俗易懂。书籍在编写过程中，以文字介绍为主，以大量的施工实例图片或施工图纸截图为辅，系统地对钢筋工程读图识图和钢筋工程施工与验收进行详细地介绍和说明，文字内容和施工实例图片及施工图纸截图直观明了、通俗易懂。

(2) 紧密结合现行建筑行业规范、标准及图集进行编写，编写重点突出，内容贴近实际施工需要，是施工从业人员不可多得的施工作业手册。

(3) 通过对本书的学习和掌握，即可独立进行钢筋工程读图识图和钢筋工程施工与验收作业，做到真正的现学现用，体现本书所倡导的培养建筑应用型人才的理念。

本书由北京城建北方建设有限责任公司赵志刚担任主编，由新疆金石建设项目管理有限公司克拉玛依分公司唐国栋担任第二主编；由广东重工建设监理有限公司刘琰、北京城建北方建设有限责任公司薛平、杭州九陌建筑科技有限公司石春雷、浙江大经建设集团股份有限公司王国棉担任副主编。由于编者水平有限，本书编写过程中难免有不妥之处，欢迎广大读者批评指正，意见及建议可发送至邮箱 bwhzj1990@163.com。

目　　录

第1章　钢筋读图识图实例解析

1.1　钢筋读图识图简介

钢筋工程施工前,应先熟读钢筋工程施工设计文件(图纸),钢筋工程施工设计文件包含了钢筋工程各个构件、各个节点的钢筋规格、型号、数量、钢筋排布要求和构造要求等信息。只有熟读钢筋工程施工设计文件,了解钢筋工程施工设计文件设计意图,并按照钢筋工程施工设计文件的要求进行钢筋工程施工作业,方能确保钢筋工程施工质量。因此,钢筋工程施工设计文件读图识图就显得尤为重要了,钢筋工程施工作业前应先熟读钢筋施工设计文件,然后再进行后续钢筋工程施工作业。

1.2　基础钢筋读图识图

1.2.1　常见基础形式及构造

施工中常见的钢筋混凝土基础形式有平板式筏板带下柱墩钢筋混凝土基础、梁板式筏板钢筋混凝土基础和独立钢筋混凝土基础三种。

平板式筏板带下柱墩钢筋混凝土基础的钢筋结构主要由下柱墩钢筋网片、筏板双层双向钢筋网片、控制筏板双层钢筋网片间距用钢筋马凳筋、筏板封边构造钢筋和基坑(如集水井、电梯井和排水沟等)钢筋网片组成,如图1-1、图1-2所示。

梁板式筏板钢筋混凝土基础的钢筋结构主要由筏板双层双向钢筋网片、筏板基础梁钢

图1-1　平板式筏板带下柱墩基础钢筋结构(1)　　图1-2　平板式筏板带下柱墩基础钢筋结构(2)

筋、控制筏板双层钢筋网片间距用钢筋马凳筋、筏板封边构造钢筋和基坑（如集水井、电梯井和排水沟等）钢筋网片组成，如图1-3所示。

筏板下层双向钢筋网片

正在进行筏板梁钢筋安装绑扎，后续将进行筏板上层双向钢筋网片安装作业

筏板基础梁钢筋

图1-3　梁板式筏板钢筋结构安装绑扎

独立钢筋混凝土基础钢筋结构主要由独立基础双向钢筋网片和独立基础梁钢筋组成，如图1-4、图1-5所示。

柱钢筋

独立基础底板底部钢筋网片

基础梁

图1-4　独立基础钢筋结构　　　　　图1-5　独立基础混凝土成型效果

1.2.2　常见基础钢筋读图识图

（1）平板式筏板带下柱墩钢筋混凝土基础钢筋结构读图识图

1）设计单位在对平板式筏板双层双向钢筋网片进行钢筋标注时，一般会在基础平法结构施工图中采用集中标注的方式或在基础平法结构施工图中的说明中进行明确。筏板钢筋读图识图时按照基础平法结构施工图的集中标注或说明的规定进行读图识图即可，如图1-6所示。

2）下柱墩钢筋一般会在基础结构施工图中进行专项设计，下柱墩钢筋读图识图时只

地下室基础平法施工图 1:100

说明：1. 本工程依据广西三同工程勘察检测有限责任公司2014年5月提供的《宜州市新时代香碧江小区 3号楼岩土工程详细勘察报告》进行设计。

2. 本工程基础设计等级为甲级，3号楼主体范围（填充 斜纹范围）采用CFG桩复合地基，桩端持力层为 ③ 泥云岩，采用长螺旋管内泵压混合料灌注成桩施工，复合地基及变形范围应符合相关地基处理规范的规定。处理后的复合地基承载力特征值不小于400，压缩模量不小于30MPa；裙房及地下室车库基础采用独立基础加防潮板形式，持力层选用天然地基 ② 硬塑状红黏土层，地基承载力特征值为$f_{ak}=210$kPa。

3. 3号楼主楼为平板式筏形基础，CFG桩顶和筏板基础之间应设置褥垫层250mm，每边比基础宽出250mm，褥垫层材料可采用中粗砂、级配砂或碎石，最大粒径不宜大于30mm；褥垫层铺设采用静力压实法，当基础底面接近土的含水量接近最小时，也可采用动力夯实法。夯实度不得大于0.9。

4. 基础采用C30混凝土，HRB400（二级）级受力钢筋，主筋保护层厚度40mm。垫层采用C15素混凝土，100mm 厚，每边比基础宽出100mm。

5. 底板钢筋宜采用焊接接头，如条件情况采用搭接，板面钢筋在支座处搭接，板底钢筋在跨中搭接，搭接长度42d，板底筋伸入梁中长度为L_{aE}，且板外墙壁向零折15d或等于板厚减上下保护层厚度。板面与板底筋间设置拉钩$\Phi12@1000\times1000$。

6. 集水坑、排水沟平面位置详见地下室底板配筋图，侧壁技术施水施电条预埋套管并按设备专业预留地沟及集水坑，未定位的地基罩中心线均为轴线。

7. 混凝土侧壁及基础为防水混凝土，抗渗等级要求达到P6。

8. 基坑开挖和施工时应考虑上层滞水的影响，注意引排；同时应对基坑进行支护。

9. 桩基开挖后钎探，桩基四角及中心各一孔，钎探深度不少于5m或至基岩，探明地基状况无误后方可进行下一步。

10. 筏板、地下室外墙与基坑侧壁间隙应采用2:8素土及时回填，回填前应清除基坑内的杂物回填质应对的四侧成四周同时均匀进行，并分层夯实，每层虚铺厚度≤250mm，压实系数≥0.94。

11. 基础上柱（墙）插筋参照图A施工。

12. 梁顶、梁底有高差时按《11G101-3》P74页处理，基础罩与柱结合部位侧壁构造按《11G101-3》P75页处理。本图钢筋所有构造措施应按图集《11G101-3》（筏形基础制图规则和构造详图）有关规定施工。

13. 地下室筏基施工按《高层建筑筏形与箱形基础技术规范》（JGJ 6—2011）及《混凝土结构工程施工质量验收规范》（GB50204—2015）执行。

14. 筏板顶面标高为135.800 m，梁底标高与防潮板底底，独基基础底平，其中筏板底与独立基础平；图中未注明的梁筋为DL1。图中填充 斜纹 的区域为主楼筏板基础，板厚为1500mm，双层双向$\Phi25@200$拉筋，图中所示钢筋均为双层布置，与通长筋间隔布置。

15. 除注明外，梁均沿轴线对中布置或梁过平柱边，墙，柱位置以墙、柱平面布置图为准。

16. 本层梁、板混凝土强度等级为C30。

17. 填充 网格 的部分地下室防潮板板厚300mm，配筋$\Phi12@150$双层双向布置；其余未注明的地下室防潮板板厚250mm，配筋$\Phi12@200$双层双向布置。

图 1-6　某工程基础平法施工图说明截图

要读懂并掌握基础结构施工图中对下柱墩钢筋专项设计的钢筋构造并结合下柱墩在基础平面图中的定位进行识图即可，如图1-7～图1-12所示。

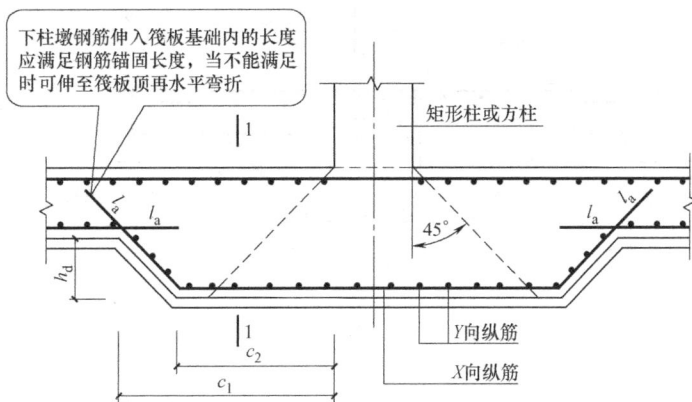

矩形柱或方柱

Y向纵筋

X向纵筋

图 1-7　基础下柱墩钢筋构造（1）

3）控制筏板双层双向钢筋网片间距用钢筋马蹬筋读图识图

控制筏板双层双向钢筋网片间距用钢筋马蹬筋一般在结构设计总说明中或基础平法结

3

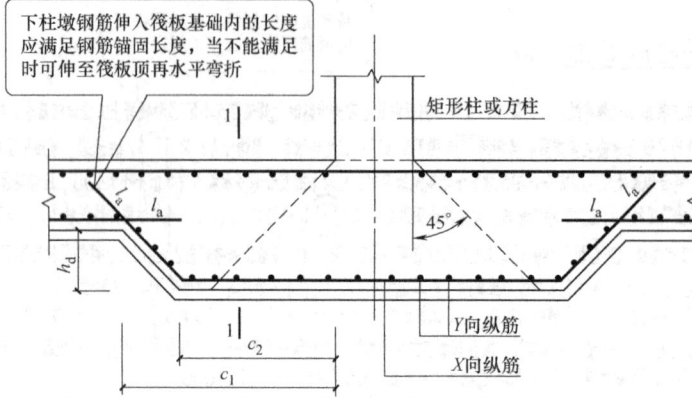

下柱墩钢筋伸入筏板基础内的长度
应满足钢筋锚固长度，当不能满足
时可伸至筏板顶再水平弯折

矩形柱或方柱

$45°$

Y向纵筋

X向纵筋

h_d

c_2

c_1

l_a

图1-8 基础下柱墩钢筋构造（1）1-1剖面图

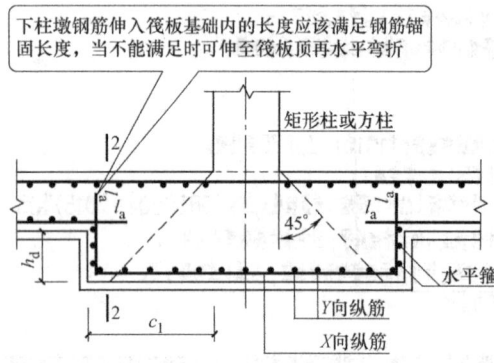

下柱墩钢筋伸入筏板基础内的长度应该满足钢筋锚
固长度，当不能满足时可伸至筏板顶再水平弯折

矩形柱或方柱

$45°$

水平箍筋

Y向纵筋

X向纵筋

h_d

c_1

l_a

图1-9 基础下柱墩钢筋构造（2）

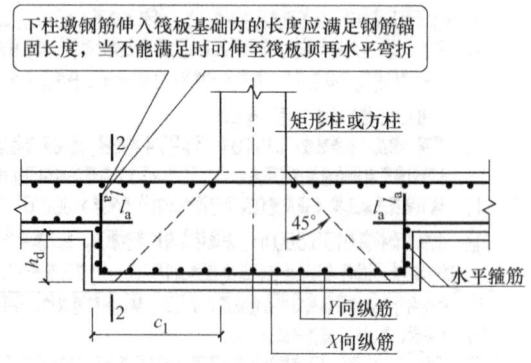

下柱墩钢筋伸入筏板基础内的长度应满足钢筋锚
固长度，当不能满足时可伸至筏板顶再水平弯折

矩形柱或方柱

$45°$

水平箍筋

Y向纵筋

X向纵筋

h_d

c_1

l_a

图1-10 基础下柱墩钢筋构造（2）2-2剖面图

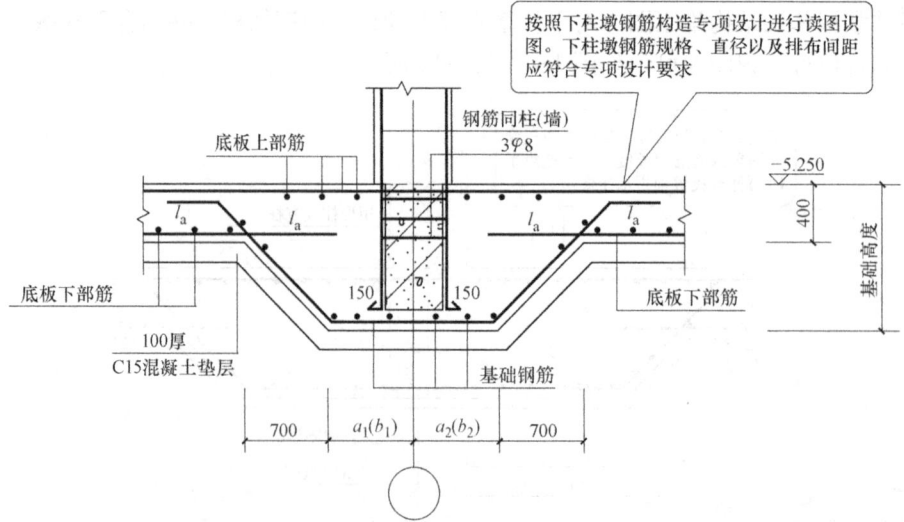

按照下柱墩钢筋构造专项设计进行读图识
图。下柱墩钢筋规格、直径以及排布间距
应符合专项设计要求

底板上部筋

钢筋同柱(墙)

$3\Phi8$

-5.250

400

基础高度

底板下部筋

150 150

底板下部筋

l_a l_a

100厚
C15混凝土垫层

基础钢筋

700    $a_1(b_1)$ $a_2(b_2)$ 700

下柱墩基础与筏板构造做法

未标注的钢筋为$\Phi14@100$

图1-11 某工程下柱墩钢筋构造专项设计截图

4

图 1-12　下柱墩钢筋安装成品

构施工图中进行明确或做专项设计，读图识图和后续施工作业，按照结构施工图的有关规定要求即可，如图 1-13 所示。

4）筏板钢筋封边构造读图识图

当基础结构施工图中设计有筏板钢筋封边构造时，按基础结构施工图设计钢筋构造进行读图识图；当基础结构施工图只在其说明中规定引用相关图集的筏板钢筋封边构造时，则参照相关图集规定的钢筋构造进行读图识图，如图 1-14、图 1-15 所示。

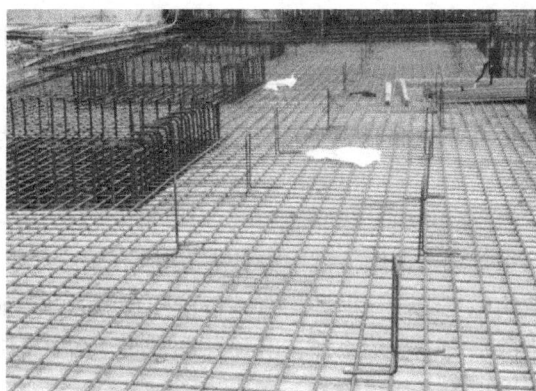

图 1-13　控制筏板双层双向钢筋网片间距用钢筋马凳筋

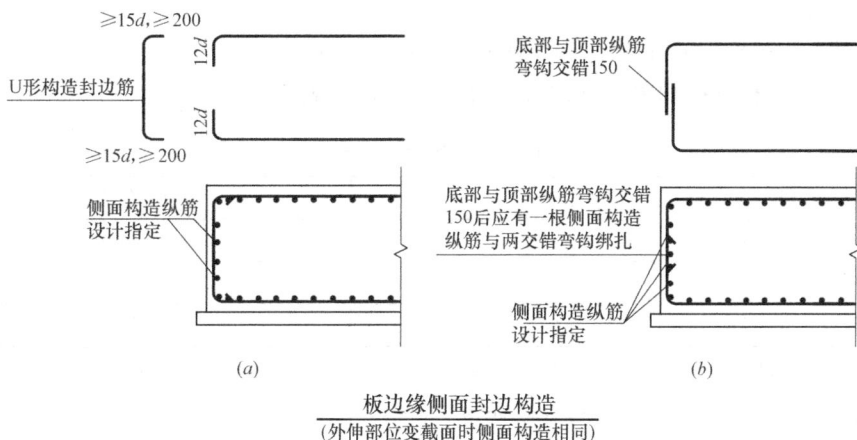

≥15d,≥200

12d

U 形构造封边筋

12d

≥15d,≥200

侧面构造纵筋设计指定

底部与顶部纵筋弯钩交错150

底部与顶部纵筋弯钩交错150后应有一根侧面构造纵筋与两交错弯钩绑扎

侧面构造纵筋设计指定

(a)

(b)

板边缘侧面封边构造
(外伸部位变截面时侧面构造相同)

图 1-14　筏板封边钢筋在 16G101-3 图集中的构造要求
(a) U 形筋构造封边方式；(b) 纵筋弯钩交错封边方式

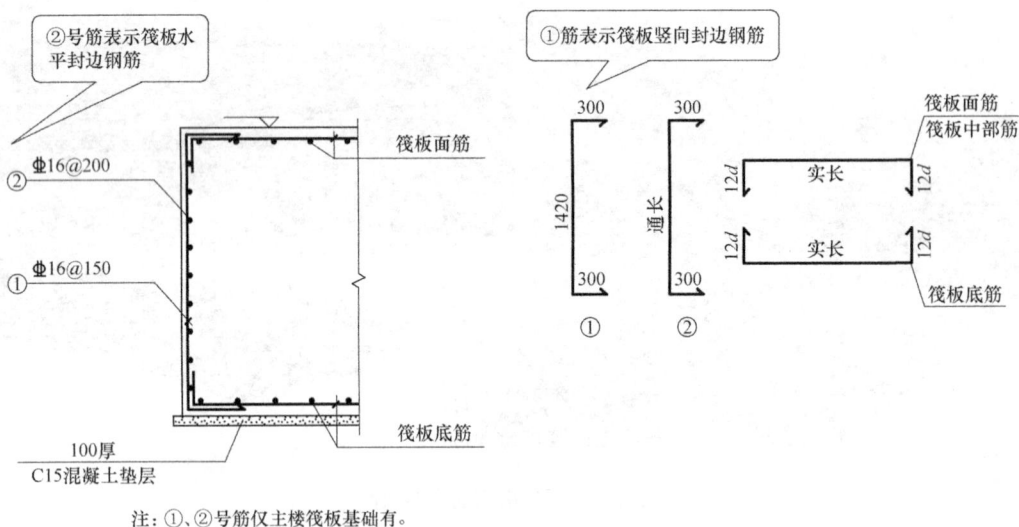

注：①、②号筋仅主楼筏板基础有。

图 1-15　某工程筏板基础平面图截图（筏板封边钢筋构造图）

截图中水平封边钢筋为$\underline{\Phi}16$，钢筋布置间距为 200mm，钢筋沿筏板边通长设置且在端部带有 300mm 长的钢筋弯头；竖向封边钢筋为$\underline{\Phi}16$，钢筋布置间距为 150mm，钢筋竖向段长度为 1420mm 且两端带有 300mm 长的钢筋弯头。

5）筏板基坑（如集水井、电梯井和排水沟等）钢筋结构读图识图

当基础结构施工图中设计有基坑（如集水井、电梯井和排水沟等）钢筋构造时，按基础结构施工图设计钢筋构造进行读图识图；当基础结构施工图只在其说明中规定引用相关图集的基坑（如集水井、电梯井和排水沟等）钢筋构造时，则参照相关图集规定的构造进行读图识图，如图 1-16、图 1-17 所示。

从截图中可以看出集水井底部和侧面钢筋的规格、型号以及钢筋布置间距均同筏板板底筋，同样集水井顶部钢筋也与筏板板面钢筋要求一样。同时集水井钢筋锚入筏板内应满足一个锚固长度 L_a 值。

（2）梁板式筏板钢筋混凝土基础钢筋结构读图识图

1）梁板式筏板基础相关构件编号应符合表 1-1 的规定。

梁板式筏板相关构件编号　　　　　　　　　　　　　　　　表 1-1

构件类型	代号	序号	跨数及有无外伸
基础主梁（柱下）	JL	xx	(xx)或(xxA)或(xxB)
基础次梁	JCL	xx	(xx)或(xxA)或(xxB)
梁板筏基础平板	LPB	xx	

注：(xxA) 表示基础梁一端有外伸，(xxB) 表示基础梁两端有外伸，基础梁外伸不计入跨数。

【例】　JCL8（6B），表示 8 号基础次梁，6 跨，两端有外伸，如图 1-18 所示。

2）基础梁钢筋结构读图识图

① 基础梁钢筋在 16G101-1 图集中的构造如图 1-19 所示。

② 基础梁钢筋结构一般由梁上部贯通纵向钢筋、梁下部贯通纵向钢筋、梁下部支座

(基坑深度 $h_a \geq$ 基础板厚 h)

(基坑深度 $h_a <$ 基础板厚 h)

(当图示坡度 <1:6时钢筋可连通)

基坑JK构造

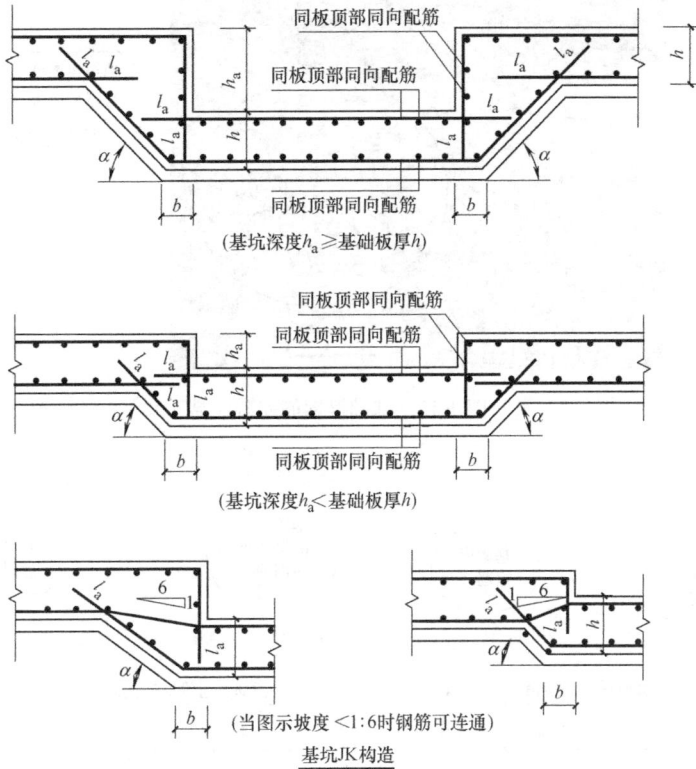

图 1-16 基坑钢筋在 16G101-3 图集中的构造要求

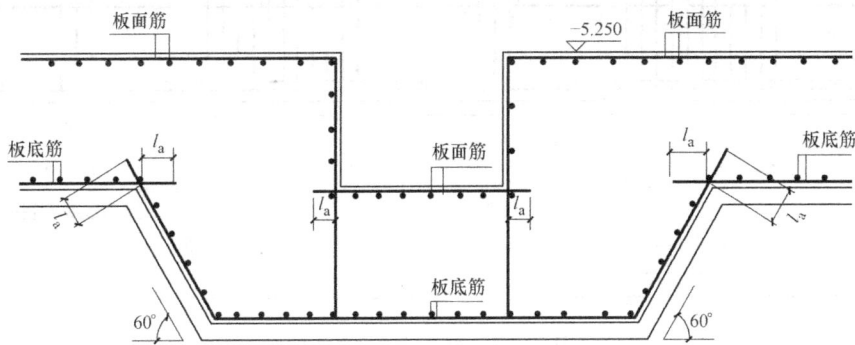

图 1-17 某工程集水井钢筋大样截图

纵向钢筋、梁侧面纵向钢筋、梁箍筋和梁钢筋拉钩组成。其钢筋标注一般采用原位标注和集中标注表示,如图 1-20 所示。

当基础梁钢筋集中标注不适用于基础梁某部位(如基础梁端支座、中间支座等)时,则该部位数值应用原位标注进行配筋标注,施工时,原位标注配筋优先。

【例】 图 1-20 集中标注中 B4Φ22 代表基础梁下部贯通纵向钢筋为一排 4 根直径为 22mm 的三级钢;而基础梁下部端支座原位标注 6Φ22 表示基础梁下部端支座有 6 根纵向钢筋,其中 4 根为基础梁集中标注中的贯通纵向钢筋,另外 2 根为基础梁端支座附加的 2

7

图 1-18　基础梁钢筋安装成品

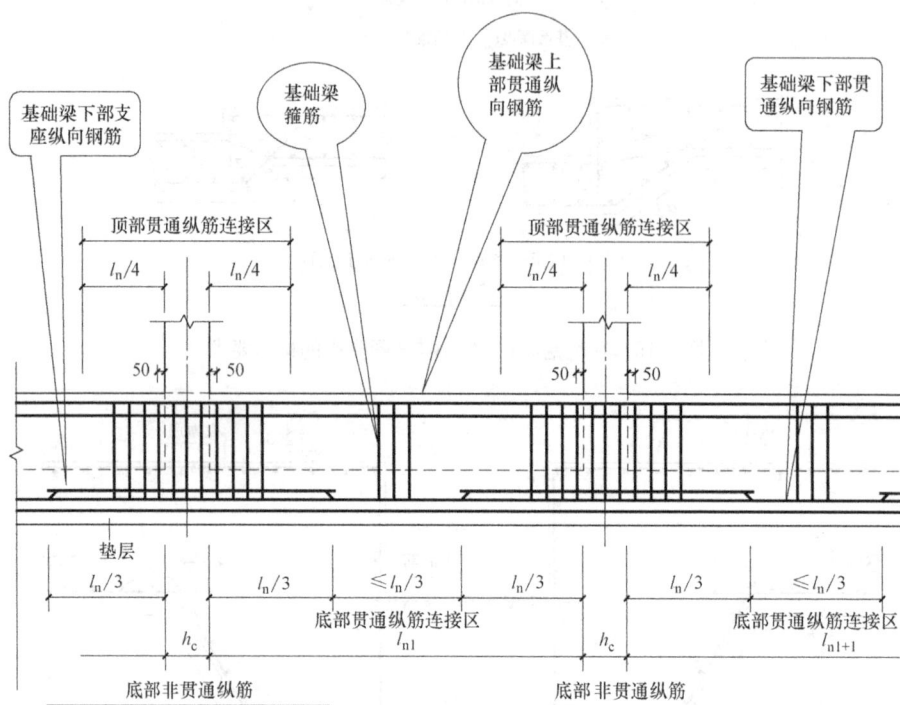

图 1-19　基础梁在 16G101-1 图集中的钢筋构造

根非贯通纵向钢筋。

　　③ 基础梁下部贯通纵向钢筋和梁上部贯通纵向钢筋分别用大写英文字母 "B" 和 "T" 表示，基础梁集中标注时在 "B" 和 "T" 后分别加上梁下部贯通纵向钢筋和梁上部贯通纵向钢筋的根数、钢筋等级以及钢筋直径即可。同时梁下部贯通纵向钢筋集中标注时应注写在梁上部贯通纵向钢筋标注之前，即 "B" 注写在 "T" 之前，且两者采用分号隔开，如图 1-21 所示。

　　【例】　B4Φ22；T6Φ22 表示基础梁下部有 4 根贯通纵向钢筋，钢筋直径为 22mm 的三级钢；同时梁上部有 6 根贯通纵向钢筋，钢筋直径为 22mm 的三级钢，如图 1-22 所示。

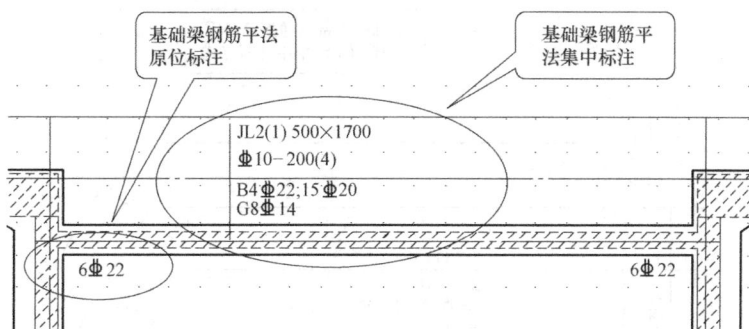

图 1-20 基础梁钢筋平法标注（某工程基础梁结构图截图）（1）

图 1-21 基础梁钢筋安装效果图

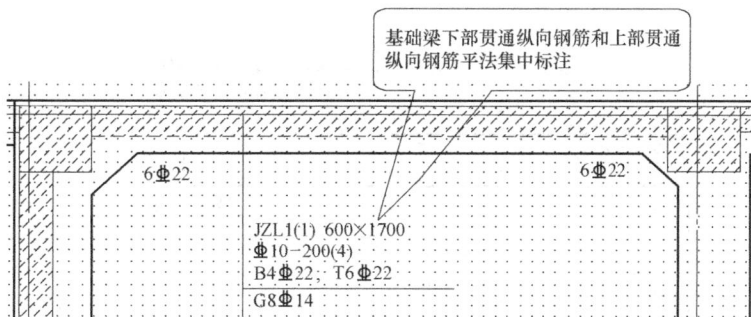

图 1-22 基础梁钢筋平法标注（某工程基础梁结构图截图）（2）

当基础梁下部贯通纵向钢筋或上部贯通纵向钢筋多于一排时，不同排的钢筋的数量应用"/"自上而下隔开。

【例】 T17Φ25 11/6 表示基础梁上部贯通纵向钢筋有两排，上排有 11 根直径为 25mm 的三级钢，下排有 6 根直径为 25mm 的三级钢，如图 1-23 所示。

④ 基础梁下部支座纵向钢筋采用原位标注方法注写在基础梁下部支座处，如图 1-24 所示。

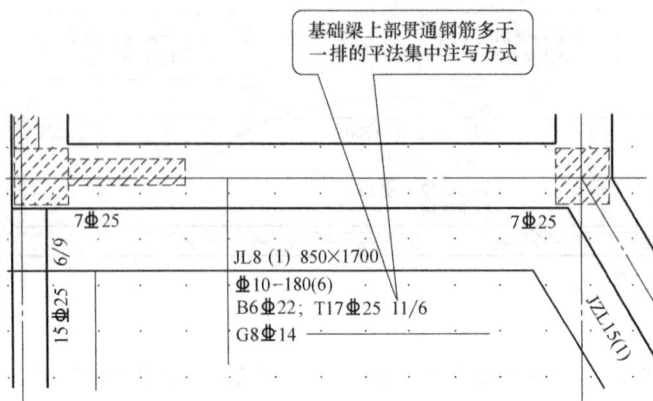

图 1-23　基础梁钢筋平法标注（某工程基础梁结构图截图）（3）

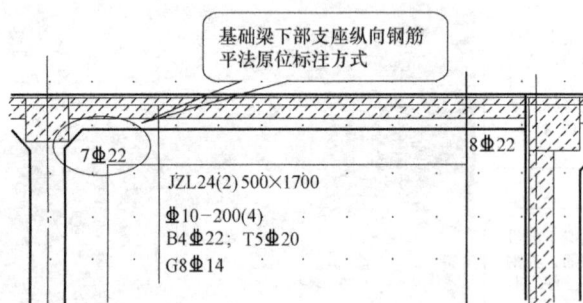

图 1-24　基础梁钢筋平法标注（某工程基础梁结构图截图）（4）

当基础梁下部支座纵向钢筋多于两排时，不同排钢筋应用"/"自上而下分开，如图 1-25 所示。

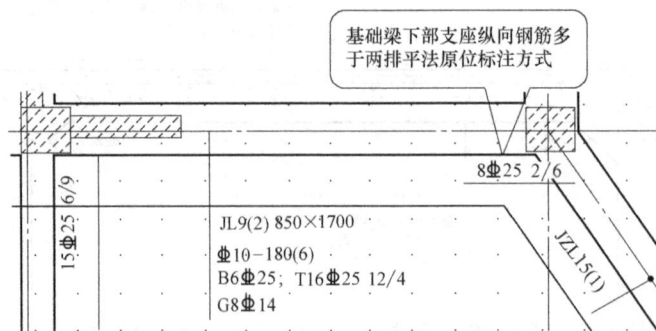

图 1-25　基础梁钢筋平法标注（某工程基础梁结构图截图）（5）

当基础梁下部支座纵向钢筋为两种不同直径钢筋时，应用"＋"将两种不同直径钢筋相连，如图 1-26 所示。

当基础梁下部支座为中间支座且中间支座下部两边的纵向钢筋配置一致时，可在中间支座下部一边进行钢筋原位标注即可；当基础梁中间支座下部两边纵向钢筋配置不一致时，应在基础梁中间支座下部两边分别原位标注支座纵向钢筋，如图 1-27 所示。

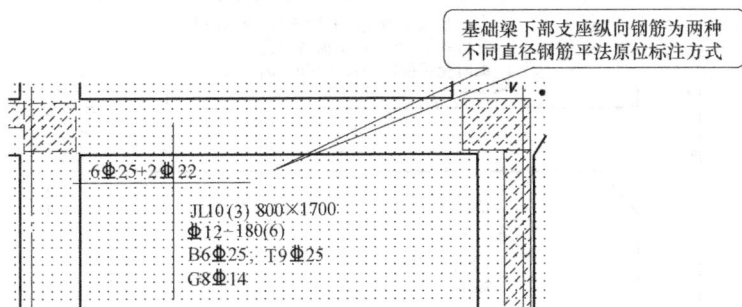

基础梁下部支座纵向钢筋为两种
不同直径钢筋平法原位标注方式

6Φ25+2Φ22

JL10(3) 800×1700
Φ12-180(6)
B6Φ25; T9Φ25
G8Φ14

图 1-26　基础梁钢筋平法标注（某工程基础梁结构图截图）（6）

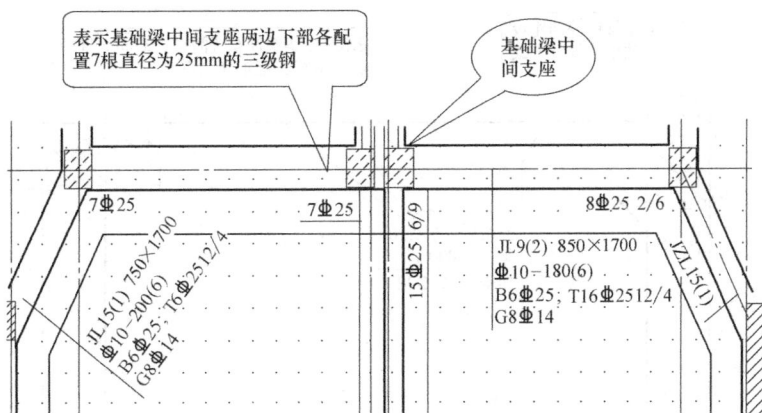

表示基础梁中间支座两边下部各配
置7根直径为25mm的三级钢

基础梁中
间支座

7Φ25　　　　　7Φ25　　　　　8Φ25 2/6

JL15(1) 750×1700
Φ10-200(6)
B6Φ25; T6Φ2512/4
G8Φ14

15Φ25 6/9

JL9(2) 850×1700
Φ10-180(6)
B6Φ25; T16Φ2512/4
G8Φ14

JZL15(1)

图 1-27　基础梁钢筋平法标注（某工程基础梁结构图截图）（7）

⑤ 基础梁侧面纵向钢筋分为侧面纵向构造钢筋和侧面纵向受扭钢筋两种，分别以大写英文字母"G"和"N"表示。在对基础梁侧面纵向钢筋配筋标注时，在"G"和"N"后加上基础梁两侧面纵向钢筋的总配筋值即可，如图 1-28、图 1-29 所示。

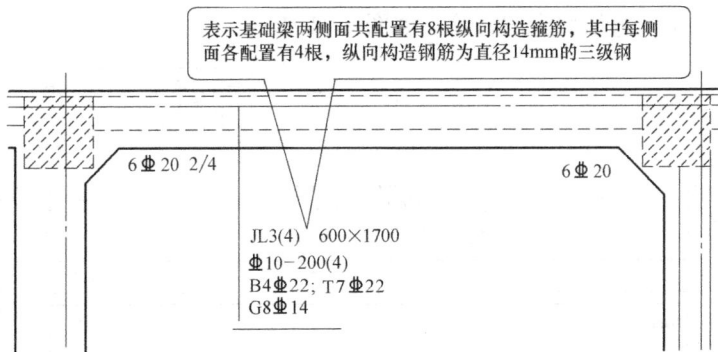

表示基础梁两侧面共配置有8根纵向构造箍筋，其中每侧
面各配置有4根，纵向构造钢筋为直径14mm的三级钢

6Φ20 2/4　　　　　　　　6Φ20

JL3(4)　600×1700
Φ10-200(4)
B4Φ22; T7Φ22
G8Φ14

图 1-28　基础梁钢筋平法标注（某工程基础梁结构图截图）（8）

⑥ 当基础梁箍筋等间距设置时，其箍筋注写内容应包括钢筋级别、直径、间距以及肢数（箍筋肢数写在括号内），如图 1-30 所示。

当基础梁箍筋采用两种间距设置时，应用"/"将两种不同间距的箍筋隔开表示。此

表示基础梁两侧面共配置有8根纵向
受扭钢筋,其中每侧面各配置有4根,
纵向受扭钢筋为直径14mm的三级钢

JL4(5)800×1700
Φ12-200(6)
B6Φ25;T6Φ22
N8Φ14

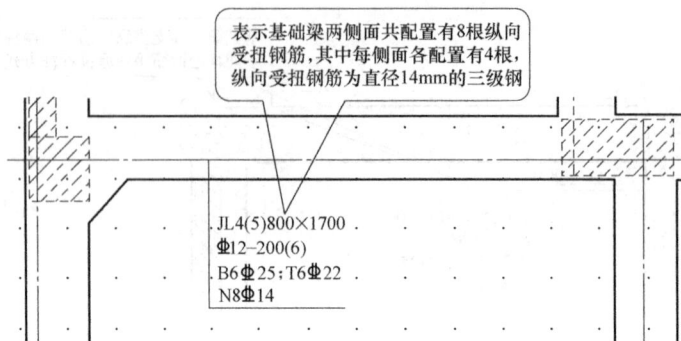

图1-29 基础梁钢筋平法标注(某工程基础梁结构图截图)(9)

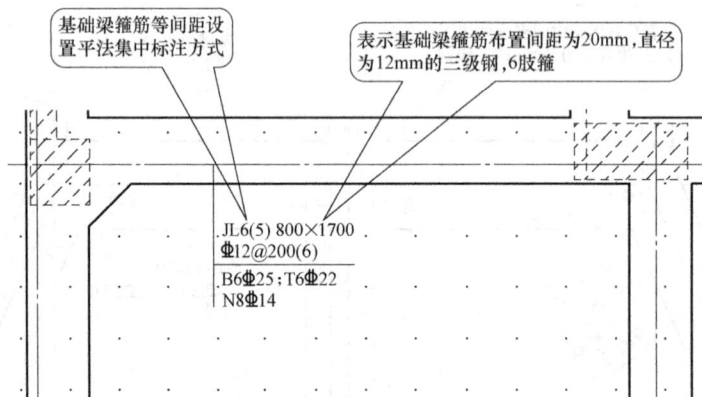

基础梁箍筋等间距设
置平法集中标注方式

表示基础梁箍筋布置间距为20mm,直径
为12mm的三级钢,6肢箍

JL6(5) 800×1700
Φ12@200(6)
B6Φ25;T6Φ22
N8Φ14

图1-30 基础梁钢筋平法标注(某工程基础梁结构图截图)(10)

时箍筋注写应按照从基础梁两端向梁跨中的顺序进行注写。先注写第1段箍筋(在前面加
注箍数),在斜线后再注写第2段箍筋(不再加注箍数)。

【例】 10Φ12@100/Φ12@200(4)表示基础梁梁两端各设置10个直径为12mm的三
级钢箍筋,箍筋布置间距为100mm。其余梁部位箍筋直径为12mm的三级钢,箍筋布置
间距为200mm。全梁箍筋均为四肢箍,如图1-31所示。

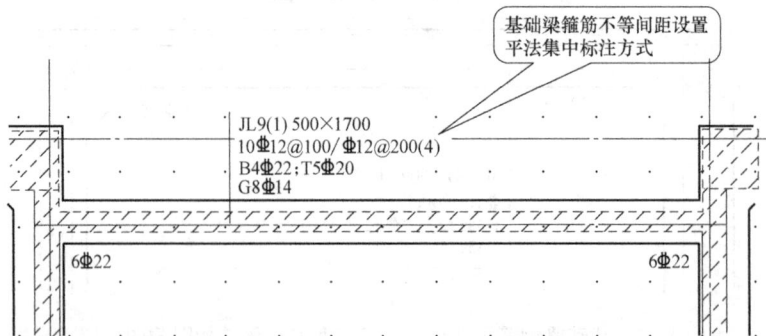

基础梁箍筋不等间距设置
平法集中标注方式

JL9(1) 500×1700
10Φ12@100/Φ12@200(4)
B4Φ22;T5Φ20
G8Φ14

6Φ22   6Φ22

图1-31 基础梁钢筋平法标注(某工程基础梁结构图截图)(11)

⑦ 基础梁侧面钢筋拉钩读图识图时,可查阅结构施工图纸,当结构施工图纸有基础
钢筋拉钩的设置规定及构造大样图时,按照结构施工图纸进行读图识图;当结构施工图纸

未对基础梁侧面钢筋拉钩作规定时，可参照相关钢筋规范、标准及图集进行钢筋拉钩读图识图作业。

3）梁板式筏板基础钢筋结构其他构件的钢筋读图识图可参照平板式筏板基础相关钢筋构件进行读图识图作业。

（3）独立钢筋混凝土基础（带连系梁）钢筋结构读图识图

1）独立钢筋混凝土基础编号应符合表1-2的规定。

独立钢筋混凝土基础编号　　　　　　　　　　　　表1-2

类　型	基础底板截面形状	代　号	序　号
普通独立基础	阶形	DJj	xx
	坡形	DJp	xx
杯口独立基础	阶形	BJj	xx
	坡形	BJp	xx

2）各类独立钢筋混凝土基础如图1-32～图1-37所示。

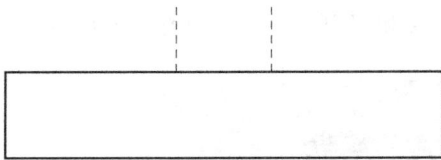

图1-32　普通独立基础DJj剖面

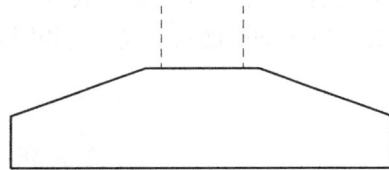

图1-33　普通独立基础DJp剖面

图1-34　普通独立基础DJj

图1-35　普通独立基础DJp

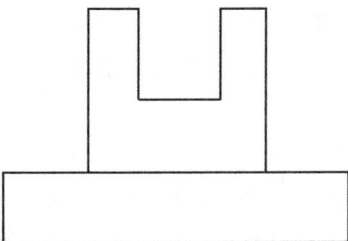

图1-36　杯形独立基础BJj剖面

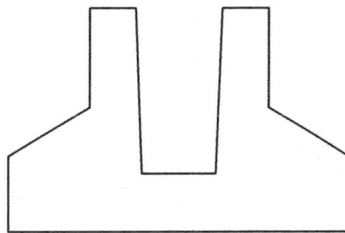

图1-37　杯形独立基础BJp剖面

13

施工中常见的普通独立基础（DJj 或 DJp）竖向尺寸注写方式为：$h_1/h_2/h_3\cdots\cdots$，竖向尺寸自下而上注写，如图 1-38、图 1-39 所示。

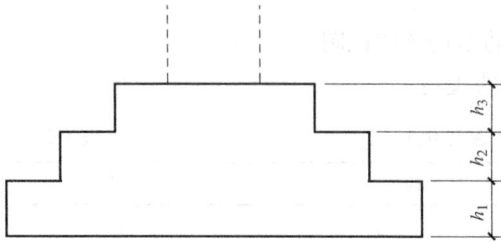

图 1-38　普通独立基础 DJj 竖向尺寸注写　　　图 1-39　普通独立基础 DJp 竖向尺寸注写

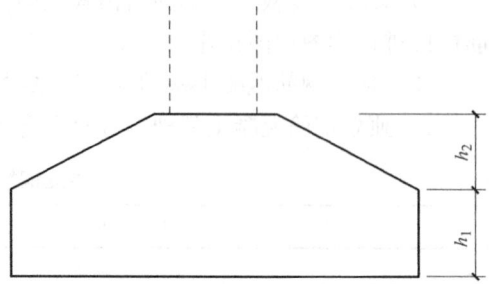

3）独立钢筋混凝土基础配筋注写

① 当独立钢筋混凝土基础为单柱基础时，其基础钢筋一般只配置基础底板底部双向钢筋网片。配筋注写时一般以"B"代表各种独立钢筋混凝土基础底部钢筋。底部钢筋网片一般由 X 向配筋和 Y 向配筋组成，其 X 向配筋和 Y 向配筋平面注写分别以大写字母"X"和"Y"开头，当 X 向配筋和 Y 向配筋相同时，则以 X 和 Y 开头注写，如图 1-40 所示。

单柱普通独立基础底板底部双向(X向和Y向)钢筋网片

图 1-40　阶形普通独立基础钢筋 DJj 安装效果图

【例】　B：XΦ20@150；YΦ22@200 表示独立钢筋混凝土基础底板底部钢筋网片由 X 向和 Y 向钢筋组成，其中 X 向钢筋为直径 20mm 的三级钢且 X 向钢筋布置间距为 150mm；Y 向钢筋为直径 22mm 的三级钢且 X 向钢筋布置间距为 200mm。

【例】　B：X&YΦ18@150 表示独立钢筋混凝土基础底板底部钢筋网片由 X 向和 Y 向钢筋组成，且 X 向配筋和 Y 向配筋相同，均为直径 18mm 的三级钢，钢筋布置间距均为 150mm。

② 当独立钢筋混凝土基础为双柱基础且双柱之间间距较小时，独立钢筋混凝土基础钢筋通常仅配置基础底板底部钢筋，其钢筋注写方式同单柱独立钢筋混凝土基础钢筋配筋注写方式；当独立钢筋混凝土基础为双柱基础且双柱之间间距较大时，除了应配置底板底部钢筋之外，还应配置底板顶部钢筋或设置基础梁。

双柱独立钢筋混凝土基础底板顶部钢筋通常对称分布在双柱中心线两侧，双柱独立基础底板顶部钢筋以大写英文字母"T"表示，其钢筋注写时以"T"打头，注写为：双柱间纵向受力钢筋/分布钢筋。当纵向受力钢筋在基础底板顶部未满布时，应注明其总根数。

【例】 T：12Φ16@200/Φ8@250 表示双柱独立钢筋混凝土基础底板顶部配置有双向钢筋钢片，其中双柱间纵向受力钢筋共有 12 根，钢筋直径为 16mm 的三级钢，其布置间距为 200mm；双柱间分布钢筋为直径为 8mm 的一级钢，其布置间距为 250mm。

双柱独立钢筋混凝土基础底板顶部设置基础梁时，基础梁的配筋注写可参照梁板式筏板基础的基础梁配筋注写方法进行注写，其配筋注写示意如图 1-41 所示。

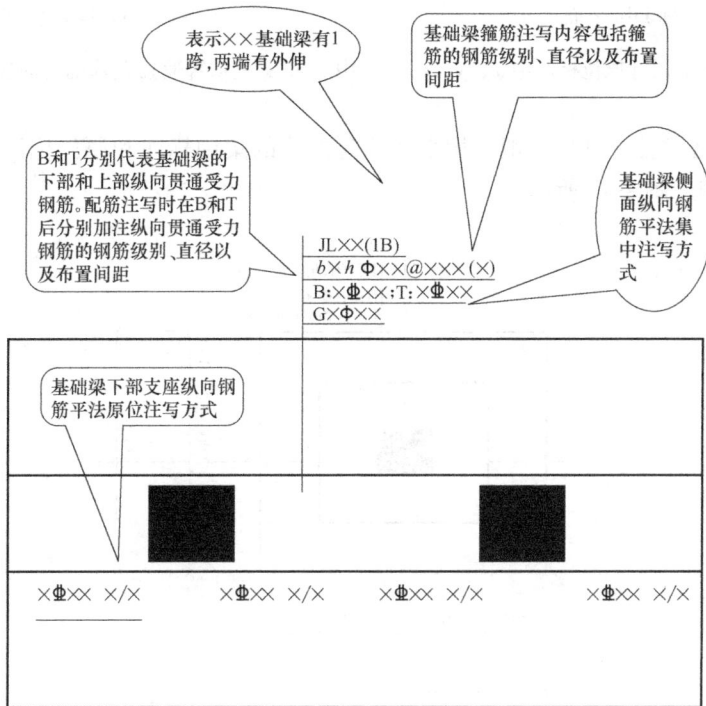

图 1-41　双柱独立钢筋混凝土基础底板顶部基础梁配筋注写示意图

4）独立钢筋混凝土基础平面尺寸原位注写方式如图 1-42～图 1-45 所示。

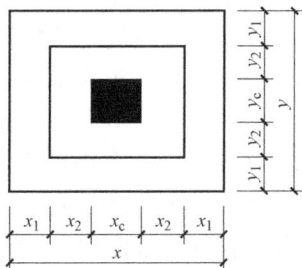

图 1-42　对称 DJj 平面尺寸

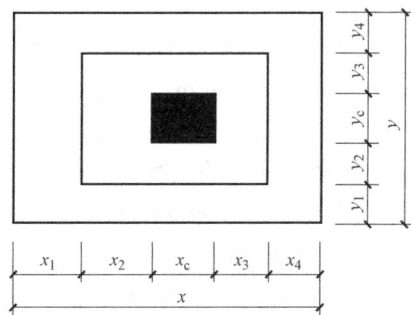

图 1-43　非对称 DJj 平面尺寸

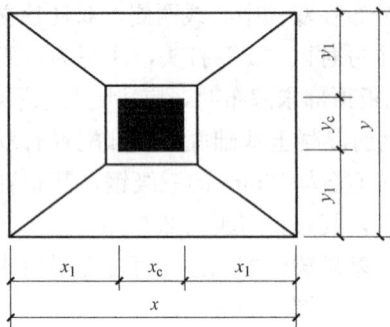

图 1-44　对称 DJp 平面尺寸　　　　　　　　　　图 1-45　非对称 DJp 平面尺寸

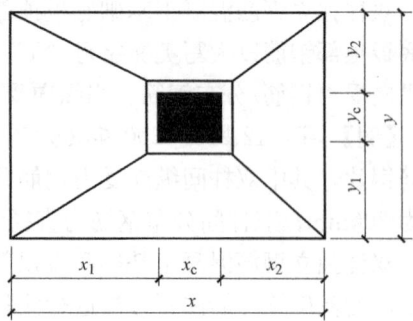

注：其中，平面尺寸原位标注中 x、y、x_c、y_c 中 x 和 y 表示普通独立基础两向边长，x_c 和 y_c 表示柱的截面尺寸。

5) 施工中普通独立基础一般采用平面注写方式的集中标注和原位标注综合设计表达示意，如图 1-46、图 1-47 所示。

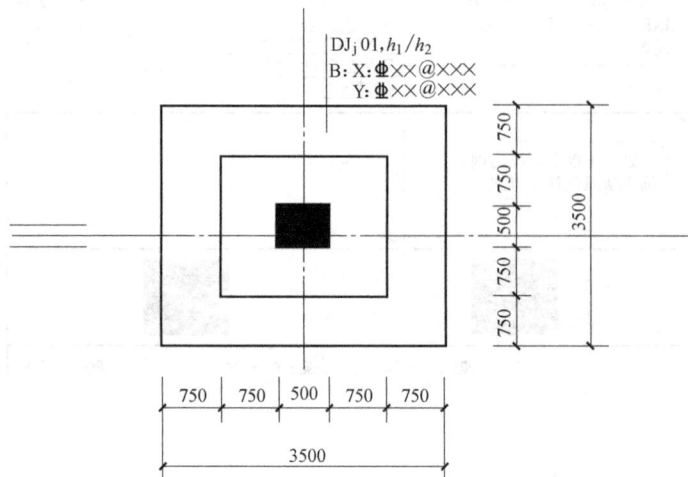

$DJ_j 01, h_1/h_2$
B: X: $\Phi\times\times@\times\times\times$
Y: $\Phi\times\times@\times\times\times$

图 1-46　单柱普通独立基础综合设计表达示意图举例

6) 普通独立基础钢筋读图识图以某工程结构施工图截图为例进行解析，如图 1-48、图 1-49 所示。

其中：

① 图 1-48 表示 9 号单柱阶形普通独立基础，基础竖向尺寸为 1100mm，X 向尺寸分别为 3000mm 和 3000mm，Y 向尺寸分别为 1800mm 和 2200mm。基础底板底部配置有 X 向和 Y 向双向钢筋，其中 X 向钢筋为直径 18mm 的三级钢，钢筋布置间距为 100mm；Y 向钢筋为直径 18mm 的三级钢，钢筋布置间距为 100mm。

② 图 1-49 表示 8 号双柱阶形普通独立基础，基础竖向尺寸为 800mm，X 向尺寸分别为 1675mm、3300mm 和 2025mm，Y 向尺寸分别为 2300mm 和 2700mm。基础底板底部配置有 X 向和 Y 向双向钢筋，其中 X 向钢筋为直径 16mm 的三级钢，钢筋布置间距为 100mm；Y 向钢筋为直径 16mm 的三级钢，钢筋布置间距为 100mm。同时基础底板顶部配置有纵向受力钢筋和分布钢筋组成的钢筋网片，其中纵向受力钢筋为直径 14mm 的三级钢，钢筋布置

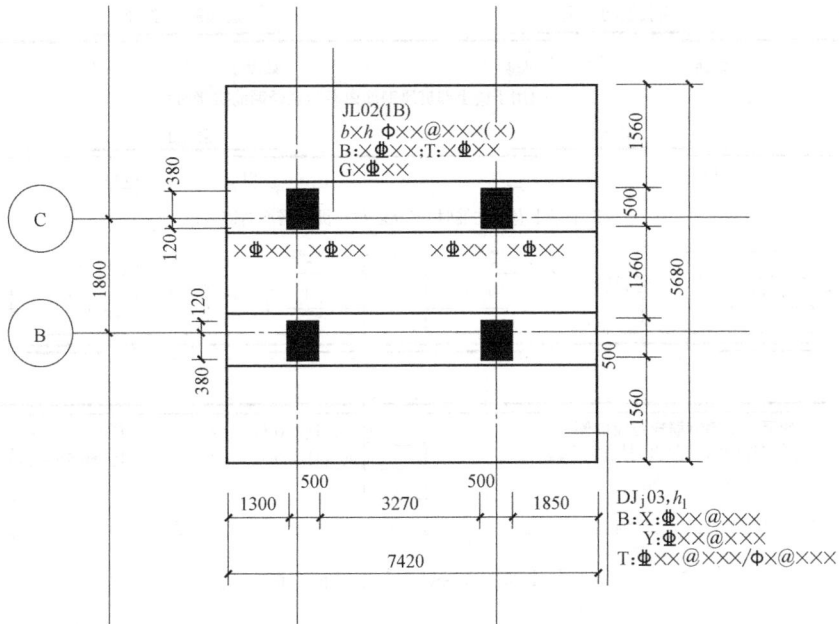

图 1-47　双柱普通独立基础综合设计表达示意图举例

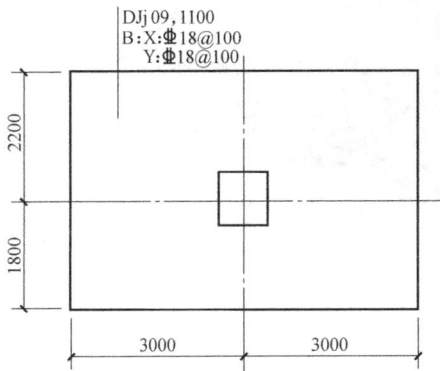

图 1-48　单柱阶形普通独立基础　　　　　图 1-49　双柱阶形普通独立基础
（DJj09）结构图截图　　　　　　　　　（DJj08）结构图截图

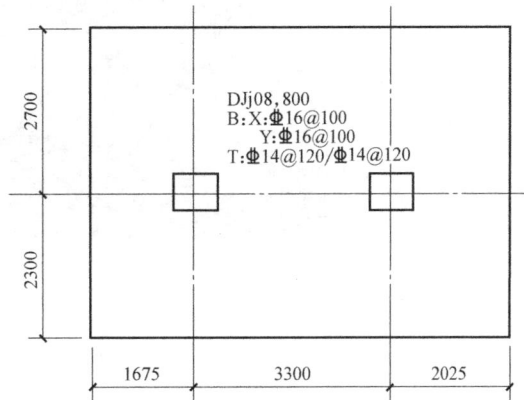

间距为 120mm；分布钢筋为直径 14mm 的三级钢，钢筋布置间距为 120mm。

1.3　梁钢筋读图识图

1.3.1　梁钢筋结构组成

梁钢筋结构主要由上部通长纵向受力钢筋、下部通长纵向受力钢筋、上部支座纵向受力钢筋（支座负筋）、箍筋、侧面纵向钢筋、侧面钢筋拉钩、附加吊筋和附加箍筋组成，如图 1-50～图 1-54 所示。

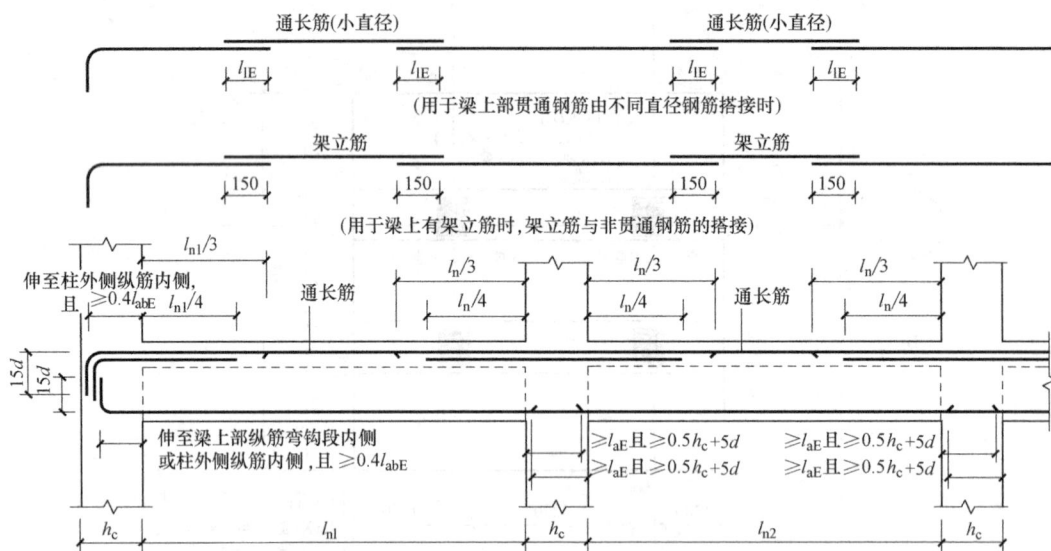

图 1-50　梁纵向受力钢筋构造

图 1-51　梁钢筋 （1）

图 1-52　梁钢筋 （2）

图 1-53 梁钢筋（3）

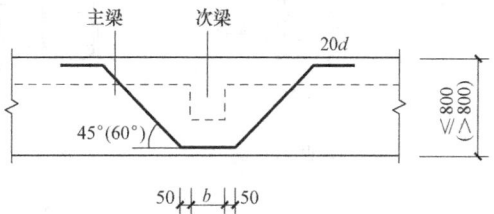

图 1-54 梁附加吊筋构造

1.3.2 梁钢筋读图识图

（1）梁编号及其规定应符合表 1-3 的要求。

梁编号及其规定
表 1-3

梁类型	代号	序号	跨数及悬挑的标注
楼层框架梁	KL	xx	(xx)/(xxA)/(xxB)
屋面框架梁	WKL	xx	(xx)/(xxA)/(xxB)
框支梁	KZL	xx	(xx)/(xxA)/(xxB)
非框架梁	L	xx	(xx)/(xxA)/(xxB)
悬挑梁	XL	xx	—
井字梁	JZL	xx	(xx)/(xxA)/(xxB)

注：(xxA) 代表 xx 跨的梁一端有悬挑，(xxB) 代表 xx 跨的梁两端带有悬挑。

（2）梁平法标注包括集中标注和原位标注两种，集中标注是梁筋通用数值的标注，而原位标注是梁筋特殊部位数值的标注。施工中当梁筋集中标注和原位标注出现冲突时，应以梁筋原位标注数值优先选用，如图 1-55、图 1-56 所示。

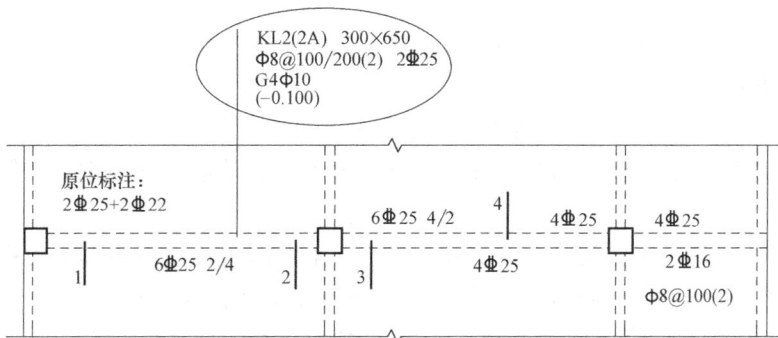

图 1-55　梁（KL2）平面平法标注

（3）梁上部通长纵向受力钢筋平法标注方法

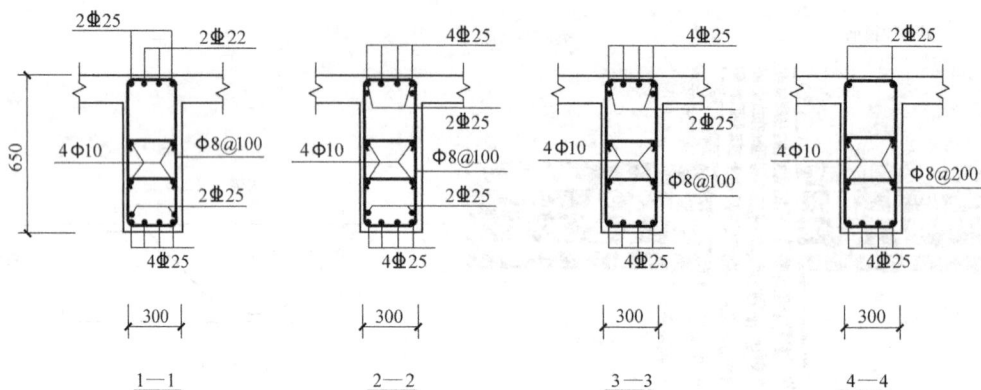

图 1-56　梁（KL2）配筋剖面详图

1）梁上部通长纵向受力钢筋（即梁上部纵向贯通钢筋）的平法表示方式常见的有集中标注和原位标注两种，如图 1-57 所示。

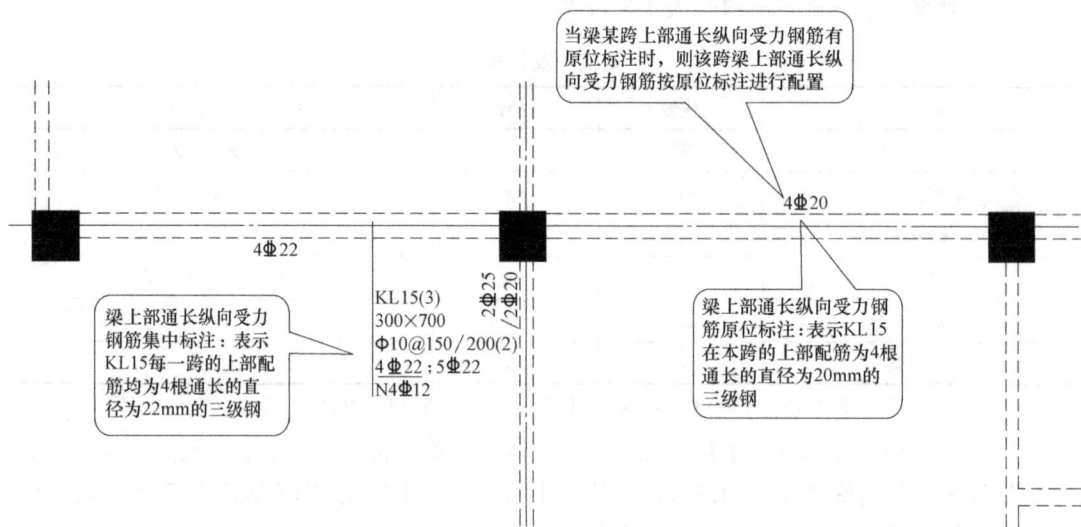

当梁某跨上部通长纵向受力钢筋有原位标注时，则该跨梁上部通长纵向受力钢筋按原位标注进行配置

梁上部通长纵向受力钢筋集中标注：表示 KL15每一跨的上部配筋均为4根通长的直径为22mm的三级钢

KL15(3)
300×700
Φ10@150／200(2)
4Φ22；5Φ22
N4Φ12

梁上部通长纵向受力钢筋原位标注：表示KL15在本跨的上部配筋为4根通长的直径为20mm的三级钢

图 1-57　梁钢筋平法标注（梁结构图截图）（1）

2）当梁上部通长纵向受力钢筋只有一排，且都是同一钢筋时，其钢筋平法集中标注文字表示如下：

xx 根数－钢筋等级－钢筋直径

【例】　2Φ14，表示梁上部有一排 2 根直径为 14mm 的通长三级钢筋，如图 1-58、图 1-59 所示。

3）当梁上部通长纵向受力钢筋只有一排，且梁上部通长纵向角部受力钢筋与梁上部通长纵向中部受力钢筋不同时，其钢筋平法集中标注文字表示如下：

xx 根数-钢筋等级-角部钢筋直径＋xx 根数-钢筋等级-中部钢筋直径

【例】　2Φ22＋1Φ20，表示梁上部有一排通长纵向受力钢筋，其中角部有 2 根直径为 22mm 的通长三级钢钢筋，中部有 1 根直径为 20mm 的通长三级钢钢筋，如图 1-60 所示。

4）当梁上部纵向受力钢筋只有一排，且上部纵向角筋为通长筋，中部钢筋为固定梁

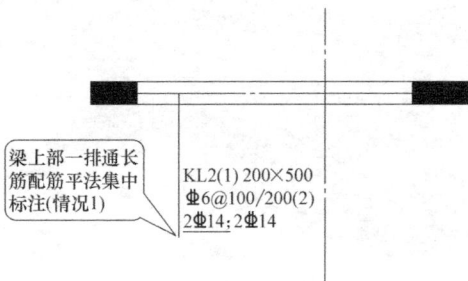

图 1-58　梁钢筋平法标注（梁结构图截图）(2)　　　　图 1-59　梁钢筋安装绑扎成品（1）

箍筋用架立筋时，其钢筋平法集中标注文字表示如下：

　　xx 根数－钢筋等级－角部钢筋直径＋（xx 根数－钢筋等级－中部架立钢筋直径），如图 1-61 所示。

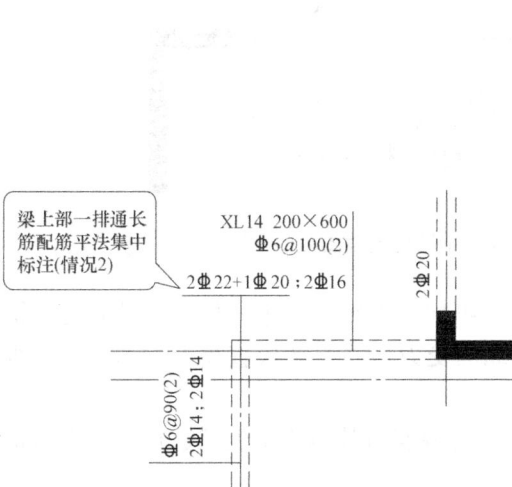

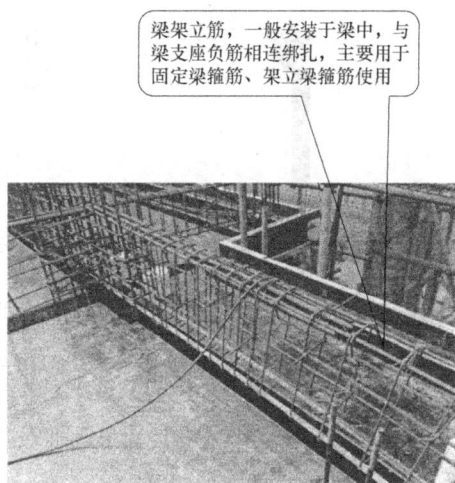

图 1-60　梁钢筋平法标注（梁结构图截图）(3)　　　　图 1-61　梁钢筋安装绑扎成品（2）

　　【例】　2Φ20＋(2Φ12)，表示梁上部有一排纵向受力钢筋，其中梁角部有 2 根通长钢筋，通长钢筋为直径 20mm 的三级钢筋；另外梁中部有 2 根固定梁箍筋用架立钢筋，架立钢筋为直径 12mm 的三级钢筋，如图 1-62 所示。

　　5）当梁上部钢筋中部全为架立钢筋时，其钢筋平法集中标注文字表示如下：

　　（xx 根数－钢筋等级－中部架立钢筋直径），如图 1-63 所示。

　　【例】　(4Φ12)，表示梁上部钢筋中部有一排 4 根架立钢筋，架立钢筋为直径 12mm的三级钢，如图 1-64 所示。

　　6）当梁上部通长纵向受力钢筋有两排钢筋时，上排筋和下排筋应用"/"进行区分，如图 1-65 所示。

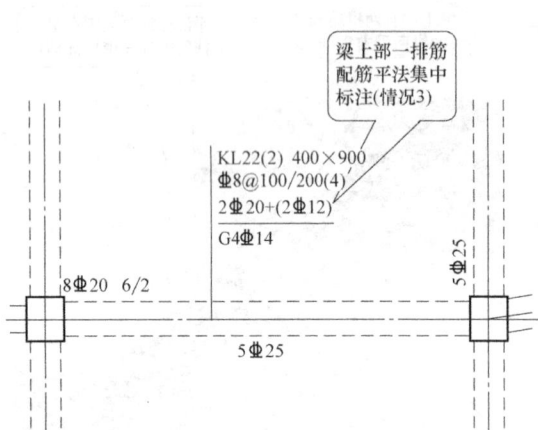

图 1-62　梁钢筋平法标注（梁结构图截图）（4）

图 1-63　梁钢筋安装绑扎成品（3）

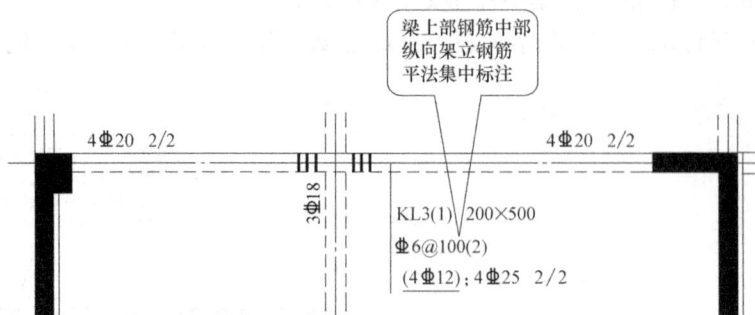

图 1-64　梁钢筋平法标注（梁结构图截图）（5）

【例】　6Φ14 4/2，表示梁上部有两排通长纵向受力钢筋，第一排通长纵向受力钢筋有 4 根直径为 14mm 的三级钢，第二排通长纵向受力钢筋有 2 根直径为 14mm 的三级钢筋，如图 1-66 所示。

7）当多跨梁中有某跨梁的上部通长纵向受力钢筋与其他跨梁上部通长纵向受力钢筋

图 1-65　梁钢筋安装绑扎成品（4）

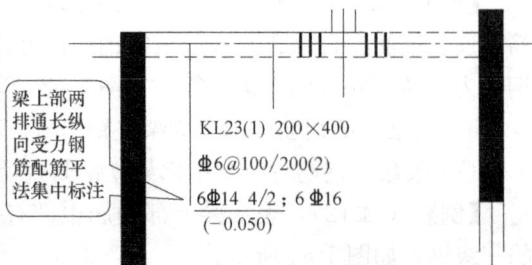

图 1-66　梁钢筋平法标注（梁结构图截图）（6）

不同时，可在该跨梁上部中间位置采用平法原位标注注写表示，如图 1-67 所示。

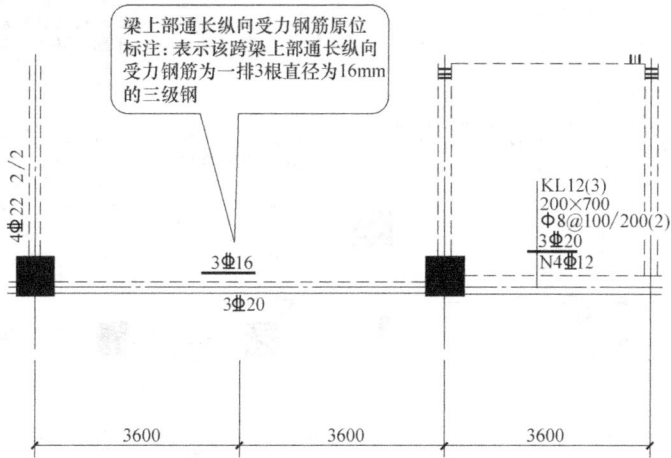

图 1-67 梁钢筋平法标注（梁结构图截图）（7）

8）梁上部支座负筋平法标注直接采用平法原位标注在梁支座处上部进行标注即可，如图 1-68、图 1-69 所示。

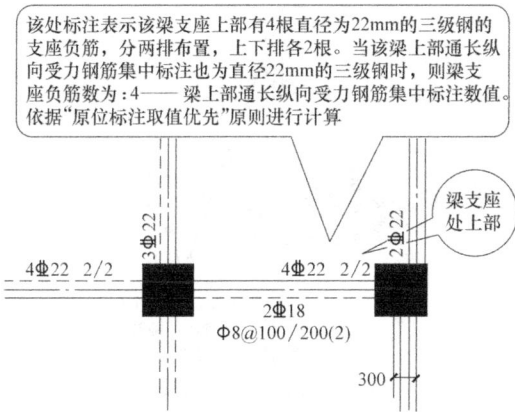

图 1-68 梁钢筋平法标注（梁结构图截图）（8）　　　　图 1-69 梁钢筋安装绑扎成品（5）

9）当梁中间支座两边的上部支座负筋不同时，须在中间支座两边分别进行标注；当梁中间支座两边的上部支座负筋相同时，可仅在支座的一边标注配筋值，另一边可省去不进行标注，如图 1-70、图 1-71 所示。

（4）梁下部通长纵向受力钢筋平法标注方法

1）梁下部通长纵向受力钢筋平法标注方式常见的有集中标注和原位标注两种，如图 1-72 所示。

2）当梁下部通长纵向受力钢筋只有一排，且都是同一钢筋时，其钢筋平法集中标注文字表示如下：

xx 根数－钢筋等级－钢筋直径，如图 1-73 所示。

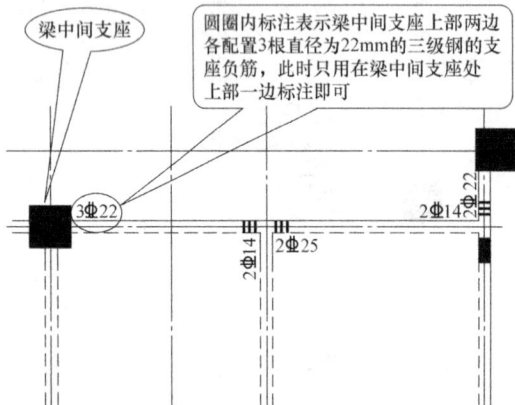

图 1-70　梁钢筋平法标注（梁结构图截图）（9）

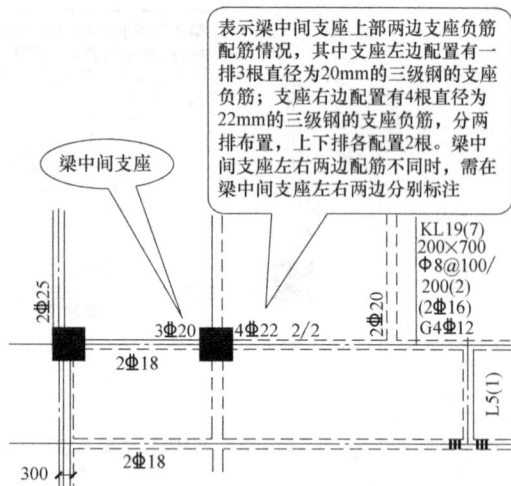

图 1-71　梁钢筋平法标注（梁结构图截图）（10）

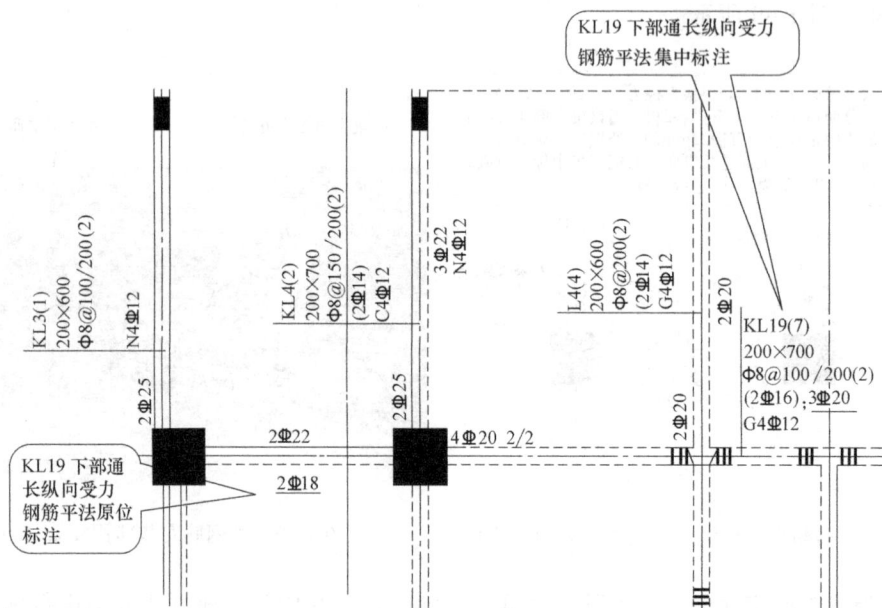

图 1-72　梁钢筋平法标注（梁结构图截图）（11）

【例】　2Φ14，表示梁下部有一排 2 根直径为 14mm 的三级钢的通长钢筋，如图 1-74 所示。

3）当梁下部通长纵向受力钢筋只有一排，且梁下部通长纵向角部受力钢筋与梁下部通长纵向中部受力钢筋不同时，其钢筋平法集中标注文字表示如下：

xx 根数－钢筋等级－角部钢筋直径＋xx 根数－钢筋等级－中部钢筋直径

图 1-73 梁钢筋安装绑扎成品（6）

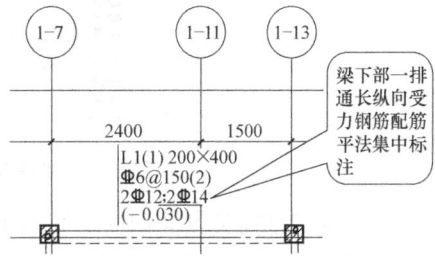

图 1-74 梁钢筋平法标注
（梁结构图截图）（12）

【例】 2Φ20＋1Φ16，表示梁下部有一排通长纵向受力钢筋，其中角部有 2 根直径为 20mm 的三级钢的通长钢筋，中部有 1 根直径为 16mm 的三级钢的通长钢筋，如图 1-75 所示。

4）当梁下部通长纵向受力钢筋有两排钢筋时，上排筋和下排筋应用"/"进行区分，如图 1-76 所示。

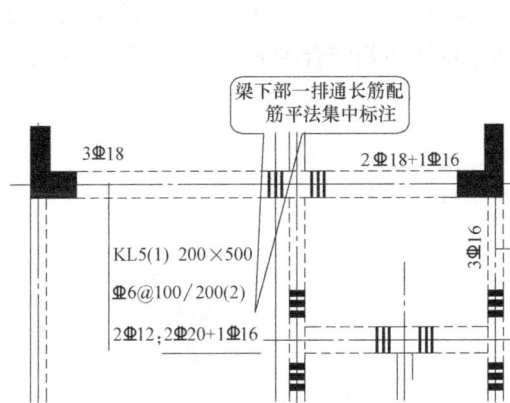

图 1-75 梁钢筋平法标注（梁结构图截图）（13）

图 1-76 梁钢筋安装绑扎成品（7）

【例】 6Φ25 3/3，表示梁下部有两排通长纵向受力钢筋，其中第一排通长纵向受力钢筋有 3 根，直径为 25mm 的三级钢；第二排通长纵向受力钢筋有 3 根，直径为 25mm 的三级钢，如图 1-77 所示。

5）当梁下部纵向受力钢筋不全部伸入支座时，应将梁支座下部伸入支座减少的数量写在括号内。

【例】 6Φ22 2（−2）/4，表示梁下部有两排纵向受力钢筋，其中第一排纵向受力钢筋有 2 根，直径为 22mm 的三级钢，不伸入支座内；第二排纵向受力钢筋有 4 根，直径为 22mm 的三级钢，伸入支座内，即下部通长纵向受力钢筋。

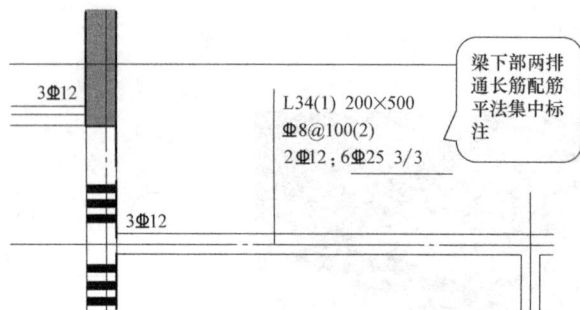

梁下部两排通长筋配筋平法集中标注

3Φ12

L34(1) 200×500
Φ8@100(2)
2Φ12；6Φ25 3/3

3Φ12

图 1-77　梁钢筋平法标注（梁结构图截图）（14）

6）梁下部通长纵向钢筋配筋值也可以采用原位标注进行平法标注，梁下部通长纵向受力钢筋原位标注一般标注在本跨梁的正中下方，如图 1-78 所示。

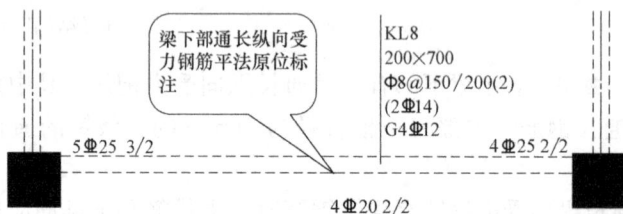

梁下部通长纵向受力钢筋平法原位标注

KL8
200×700
Φ8@150/200(2)
(2Φ14)
G4Φ12

5Φ25 3/2

4Φ25 2/2

4Φ20 2/2

图 1-78　梁钢筋平法标注（梁结构图截图）（15）

7）当梁为多跨梁时，且多跨梁存在某一跨下部通长纵向受力钢筋与其他跨下部通长纵向受力钢筋配置不同时，可以采用集中标注和原位标注相结合的方式对多跨梁下部纵向受力钢筋分别进行标注，如图 1-79 所示。

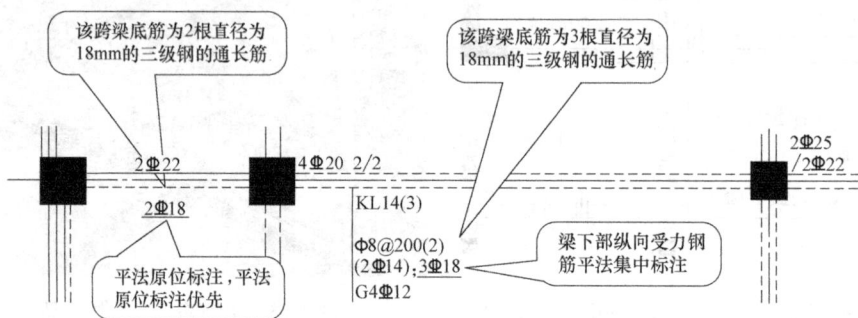

该跨梁底筋为2根直径为18mm的三级钢的通长筋

该跨梁底筋为3根直径为18mm的三级钢的通长筋

2Φ22

4Φ20 2/2

2Φ25
/2Φ22

2Φ18

KL14(3)
Φ8@200(2)
(2Φ14)；3Φ18
G4Φ12

平法原位标注，平法原位标注优先

梁下部纵向受力钢筋平法集中标注

图 1-79　梁钢筋平法标注（梁结构图截图）（16）

（5）梁箍筋平法标注方法

1）梁箍筋平法标注方式常见的有梁箍筋集中标注和梁箍筋原位标注两种，如图 1-80 所示。

2）梁箍筋排布一般分为梁端加密箍筋排布和梁中非加密箍筋排布两种，当梁箍筋设计有梁端加密箍筋和梁中非加密箍筋时，在进行梁箍筋平法标注时，梁加密箍筋间距和非加密箍筋间距应用"/"连接区别。同时梁箍筋肢数用"（）"标注在箍筋间距后面，如图 1-81、图 1-82 所示。

26

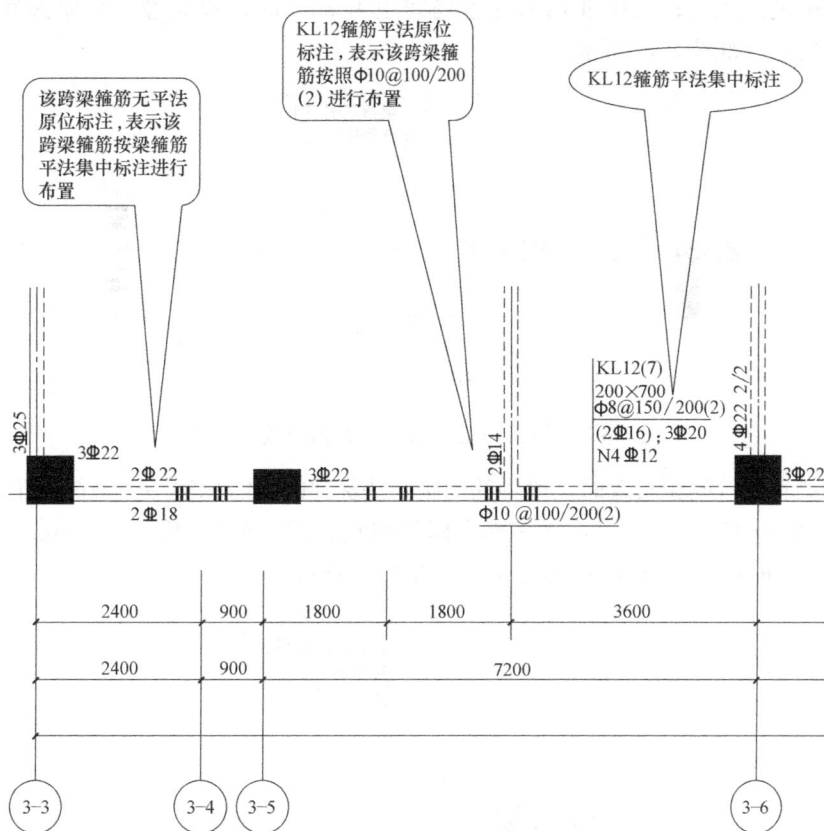

图 1-80 梁钢筋平法标注（梁结构图截图）（17）

图 1-81 梁钢筋安装绑扎成品（8）

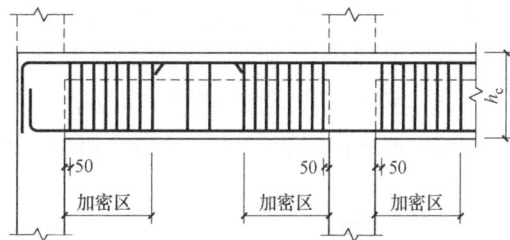

图 1-82 一般梁箍筋加密构造

注：1. h_c 代表梁高度。

　　2. 一级抗震等级时柱端箍筋加密区段长度为：$\geqslant 2h_c$ 且 $\geqslant 500$mm。

　　3. 二至四级抗震等级时柱端箍筋加密区段长度为：$\geqslant 1.5h_c$ 且 $\geqslant 500$mm。

【例】 Φ6@100/200（2），表示梁端加密区箍筋间距为 100mm，双肢箍，加密钢筋为直径 6mm 的三级钢；梁中非加密区箍筋间距为 200mm，双肢箍，非加密箍筋为直径 6mm 的三级钢，如图 1-83 所示。

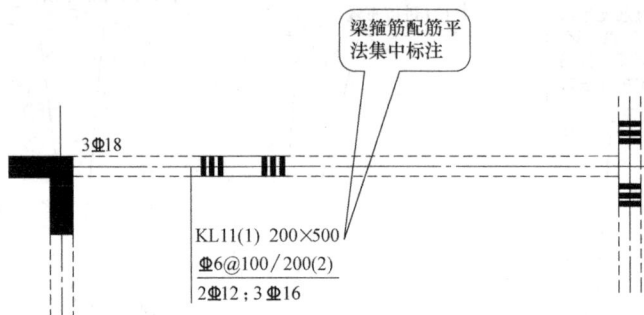

图 1-83　梁钢筋平法标注（梁结构图截图）（18）

3) 当梁箍筋等间距布置时，梁箍筋间距平法标注时只需标注一个箍筋间距值。

【例】　$\Phi6@150$（2），表示梁箍筋全跨等间距布置，布置间距为 150mm，箍筋肢数为双肢箍，箍筋为直径 6mm 的三级钢，如图 1-84 所示。

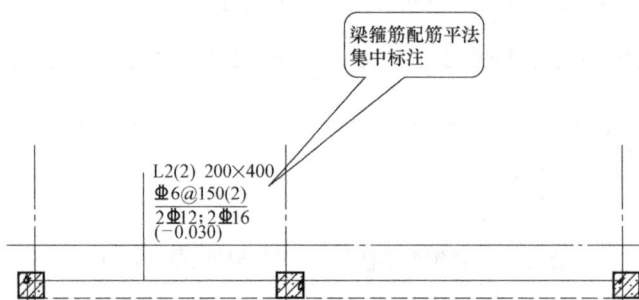

图 1-84　梁钢筋平法标注（梁结构图截图）（19）

4) 当梁加密箍筋肢数和非加密箍筋肢数不相同时，梁加密箍筋肢数和非加密箍筋肢数应分别用"（）"标注在梁加密箍筋间距后面和非加密箍筋间距后面。

【例】　$\Phi6@100$（4）/200（2），表示梁端加密区箍筋间距为 100mm，四肢箍，加密箍筋为直径 6mm 的三级钢；梁中非加密区箍筋间距为 200mm，双肢箍，非加密箍筋为直径 6mm 的三级钢，如图 1-85 所示。

(6) 梁侧面纵向钢筋平法表示方法

梁侧面纵向钢筋按受力分为受扭钢筋和构造钢筋，分别用字母"N"和"G"表示。梁侧面纵向钢筋平法标注采用"N"或"G"后面加上梁两侧面纵向钢筋的总数表示。梁侧面纵向钢筋平法标注方式常见的有梁侧面纵向钢筋平法集中标注和梁侧面纵向钢筋平法原位标注两种。

1) 梁侧面纵向钢筋平法集中标注

【例】　N4Φ12，表示梁两侧面共配置 4 根受扭钢筋，受扭钢筋为直径

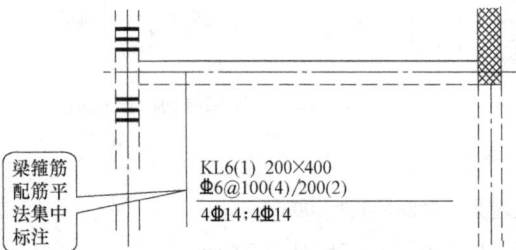

图 1-85　梁钢筋平法标注（梁结构图截图）（20）

12mm 的三级钢，其中梁每侧各配置 2 根受扭钢筋，如图 1-86 所示。

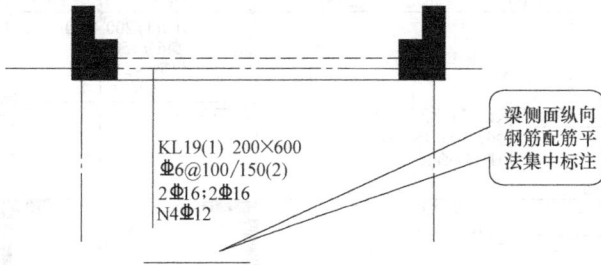

图 1-86　梁钢筋平法标注（梁结构图截图）（21）

【例】　G4⚇10，表示梁两侧面共配置 4 根构造钢筋，构造钢筋为直径 12mm 的三级钢，其中梁每侧各配置 2 根构造钢筋，如图 1-87 所示。

2）梁侧面纵向钢筋平法原位标注

当梁为多跨梁且梁某跨侧面纵向钢筋与梁其他跨侧面纵向钢筋不同时，可采用原位标注对特殊跨梁侧面纵向钢筋进行平法标注，如图 1-88、图 1-89 所示。

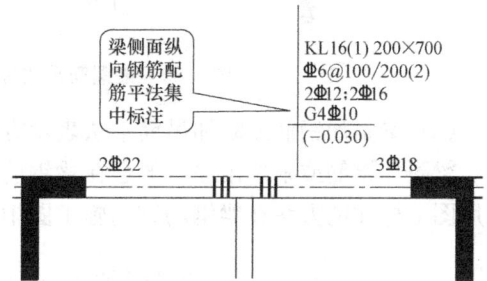

图 1-87　梁钢筋平法标注（梁结构图截图）（22）

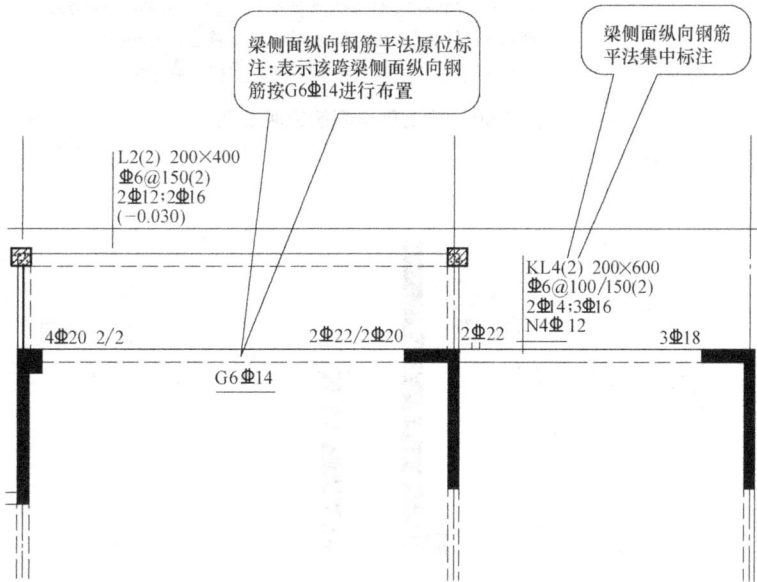

图 1-88　梁钢筋平法标注（梁结构图截图）（23）

（7）梁侧面钢筋拉钩平法表示方法

当梁侧面钢筋拉钩在施工设计图纸中有标注时，按施工设计图纸标注进行读图识图，设计单位一般会在结构施工图设计总说明中进行平法标注；当梁侧面钢筋拉钩未在施工设计图纸中进行标注时，可参照相关规范标准及钢筋图集进行施工。

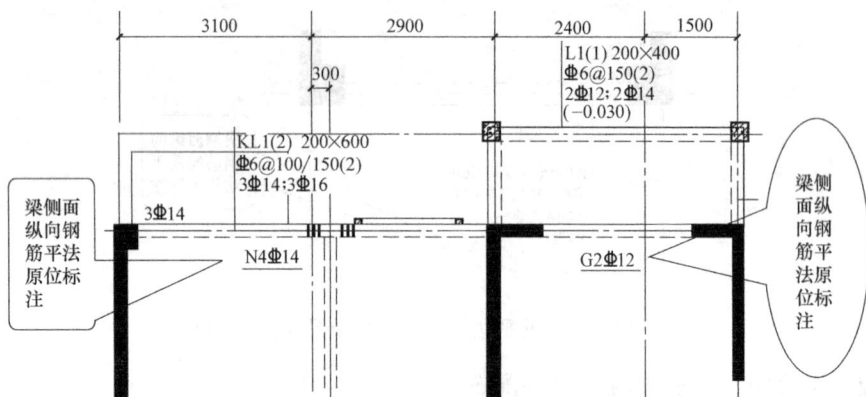

图 1-89　梁钢筋平法标注（梁结构图截图）（24）

（8）梁附加钢筋或附加吊筋平法表示方法

梁附加钢筋或附加吊筋一般会在梁钢筋结构施工图或结构设计总说明中进行说明，并采用图上标注的方法在梁钢筋结构施工图中进行标注，如图 1-90～图 1-92 所示。

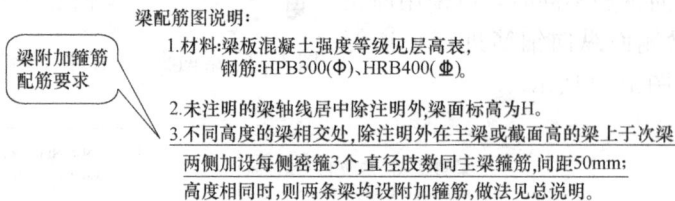

图 1-90　某工程梁配筋说明截图

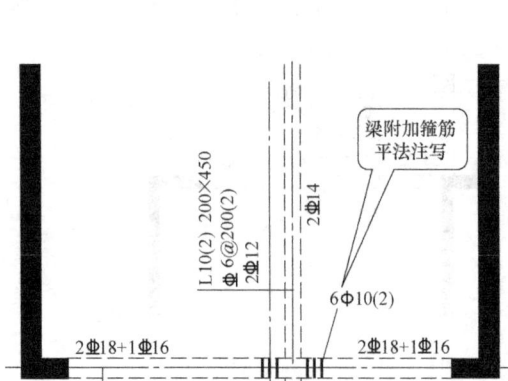

图 1-91　梁钢筋平法标注（梁结构图截图）（25）

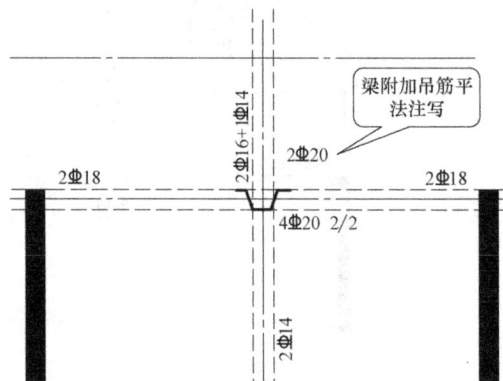

图 1-92　梁钢筋平法标注（梁结构图截图）（26）

（9）梁上部支座负筋平法表示方法

1）梁上部支座负筋直接用平法标注在梁上部支座处，如图 1-93 所示。

2）当梁中间支座、两边梁支座负筋配置规格、型号以及数量相同时，可在梁中间支座一侧采用平法标注即可，如图 1-94 所示。

3）当梁中间支座、两边梁支座负筋配筋不同时，应在梁中间支座两边分别进行标注，

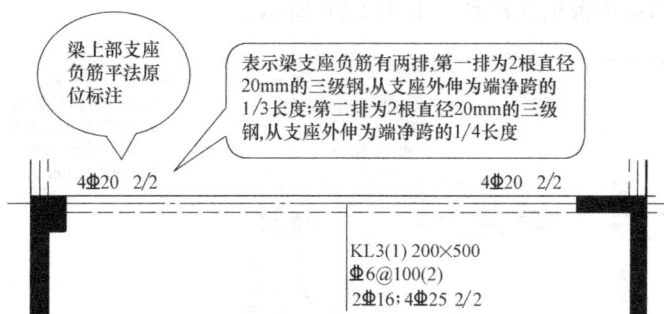

图 1-93 梁钢筋平法标注（梁结构图截图）（27）

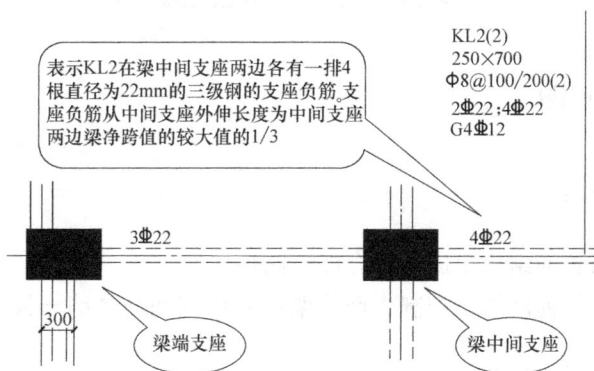

图 1-94 梁钢筋平法标注（梁结构图截图）（28）

如图 1-95 所示。

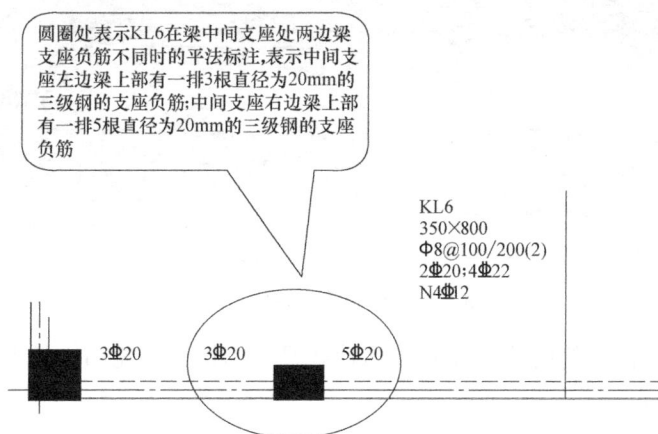

图 1-95 梁钢筋平法标注（梁结构图截图）（29）

（10）梁结构顶面标高平法表示方法

梁结构顶面标高一般采用梁与梁上部结构板的结构板面标高之差进行平法标注表示，当梁结构顶面标高减去结构板面标高的差值为"＋"时，表示梁结构顶面标高高于梁上部结构板板面标高；当梁结构顶面标高减去结构板面标高的差值为"－"时，表示梁结构顶面标高低于梁上部结构板板面标高，如图 1-96 所示。

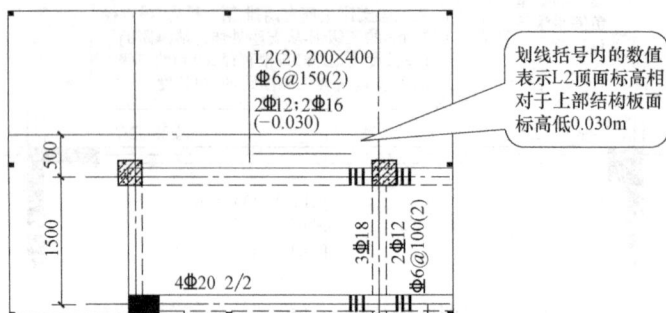

图 1-96　梁钢筋平法标注（梁结构图截图）（30）

1.4　板钢筋读图识图

1.4.1　板钢筋结构组成

施工中常见的板钢筋结构组成主要有以下两种：

（1）板下部双向钢筋网片＋控制板筋骨架尺寸用钢筋马凳筋＋板上部双向钢筋网片，如图 1-97 所示。

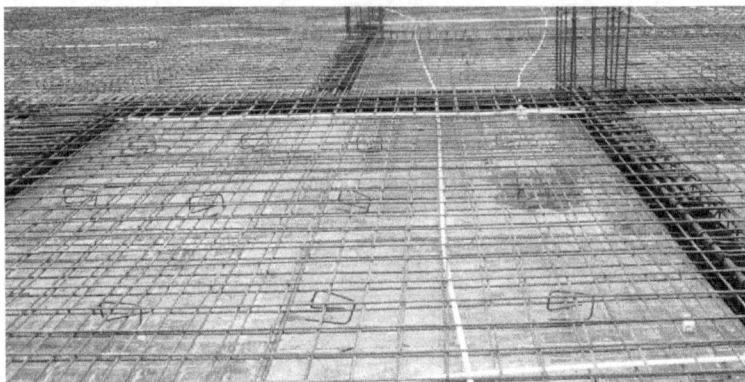

图 1-97　板钢筋安装成品（1）

（2）板下部双向钢筋网片＋控制板筋骨架尺寸用钢筋马凳筋＋板上部端支座负弯矩筋，如图 1-98 所示。

1.4.2　板钢筋读图识图

（1）当板钢筋设计为上下双层双向钢筋网片且板结构施工图上标有上下双层双向钢筋网片的钢筋构造、规格、钢筋排布间距等内容时，按板结构施工图上的平法标注进行施工。当设计单位未在板结构施工图上直接采用平法标注出板上下双层双向钢筋网片的钢筋构造、规格以及钢筋排布间距等内容时，此时可通过查看板结构施工图的说明进行板配筋读图识图，如图 1-99、图 1-100 所示。

板上部端支座负弯矩筋

图 1-98　板钢筋安装成品（2）

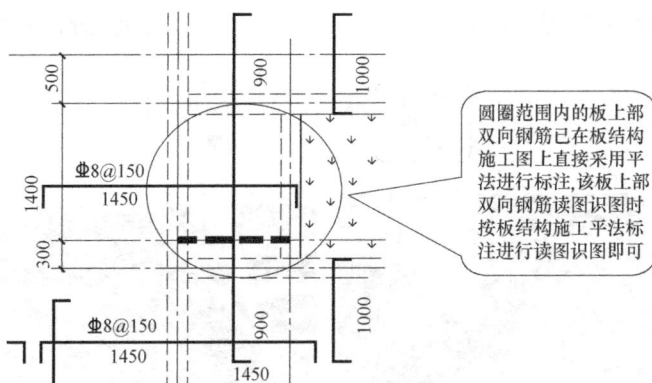

Ⅰ8@150
1450

Ⅰ8@150
1450

1450

圆圈范围内的板上部双向钢筋已在板结构施工图上直接采用平法进行标注,该板上部双向钢筋读图识图时按板结构施工平法标注进行读图识图即可

图 1-99　某工程板筋结构图局部截图

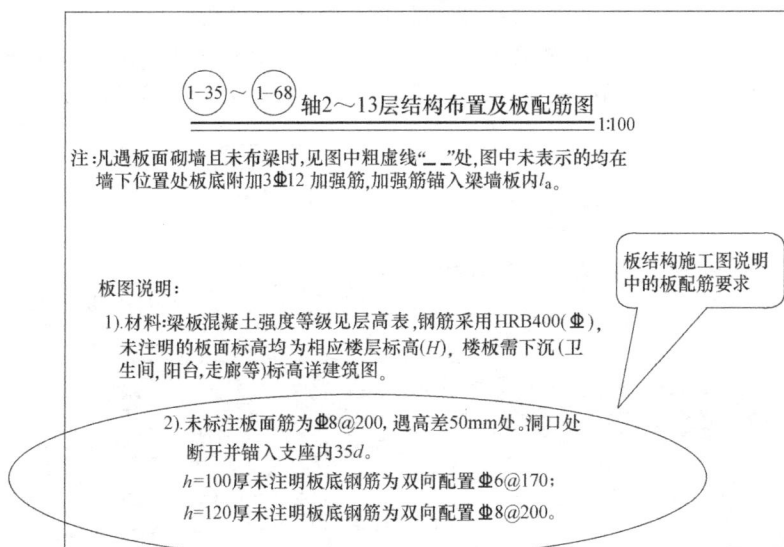

①-35 ～ ①-68 轴2～13层结构布置及板配筋图
1:100

注:凡遇板面砌墙且未布梁时,见图中粗虚线"＿ ＿"处,图中未表示的均在墙下位置处板底附加3Ⅰ12 加强筋,加强筋锚入梁墙板内 l_a。

板图说明:

1).材料:梁板混凝土强度等级见层高表,钢筋采用HRB400(Ⅰ),未注明的板面标高均为相应楼层标高(H),楼板需下沉(卫生间,阳台,走廊等)标高详建筑图。

2).未标注板面筋为Ⅰ8@200,遇高差50mm处。洞口处断开并锚入支座内35d。
h=100厚未注明板底钢筋为双向配置Ⅰ6@170;
h=120厚未注明板底钢筋为双向配置Ⅰ8@200。

板结构施工图说明中的板配筋要求

图 1-100　某板筋结构图截图

33

（2）当板下部钢筋设计为单层双向钢筋网片，板上部钢筋为板支座负弯矩筋时，板下部钢筋网片可参照"板钢筋平法读图识图"的规定进行读图识图，而板上部支座负弯矩筋常常通过板结构施工图上的平法标注进行读图识图，如图 1-101～图 1-107 所示。

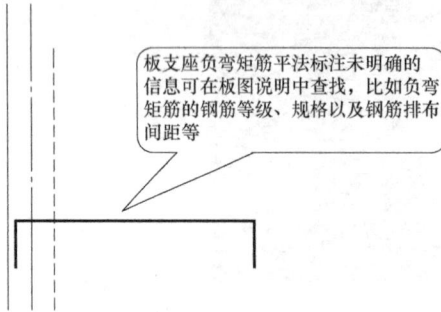

图 1-101　板上部支座负弯矩筋在
板端支座的平法标注样式

图 1-102　板上部支座负弯矩筋在
中间支座的平法标注样式

图 1-103　板上部支座负弯矩筋在
板端支座安装情况一

图 1-104　板上部支座负弯矩筋在
板端支座安装情况二

图 1-105　板上部支座负弯矩筋在
中间支座安装情况一

图 1-106　板上部支座负弯矩筋在
中间支座安装情况二

34

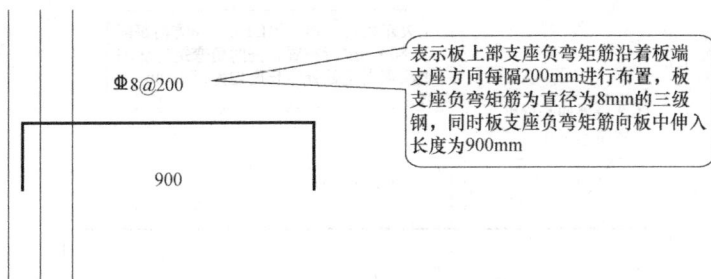

表示板上部支座负弯矩筋沿着板端支座方向每隔200mm进行布置，板支座负弯矩筋为直径为8mm的三级钢，同时板支座负弯矩筋向板中伸入长度为900mm

图 1-107　板上部支座负弯矩筋在板端支座的平法标注

　　当板上部支座负弯矩筋在板中间支座往支座两边伸出的负弯矩筋长度不同时，中间支座两边的负弯矩筋长度应分别标注；当伸出的负弯矩筋长度相同时，可在中间支座一边标注即可，如图 1-108、图 1-109 所示。

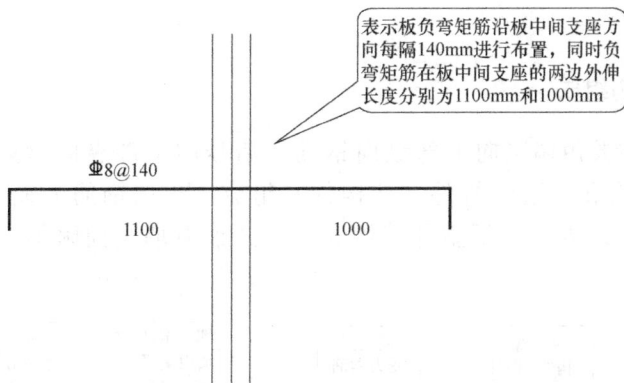

表示板负弯矩筋沿板中间支座方向每隔140mm进行布置，同时负弯矩筋在板中间支座的两边外伸长度分别为1100mm和1000mm

图 1-108　板上部支座负弯矩筋在中间支座两端外伸长度不同的标注

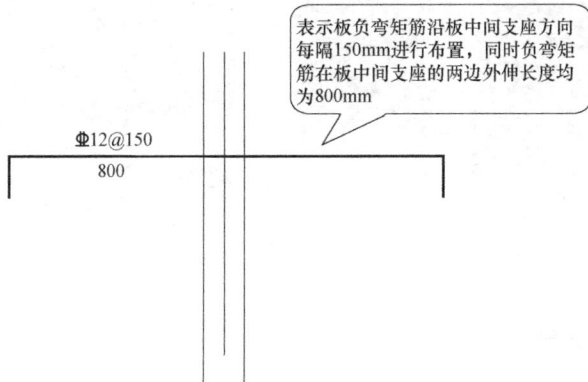

表示板负弯矩筋沿板中间支座方向每隔150mm进行布置，同时负弯矩筋在板中间支座的两边外伸长度均为800mm

图 1-109　板上部支座负弯矩筋在中间支座两端外伸长度相同的标注

　　当板上部支座负弯矩筋先贯通过板再由板两端端支座外伸且外伸长度相同时，可仅标注一边外伸长度，另外一边外伸长度可省略不进行标注，如图 1-110 所示。

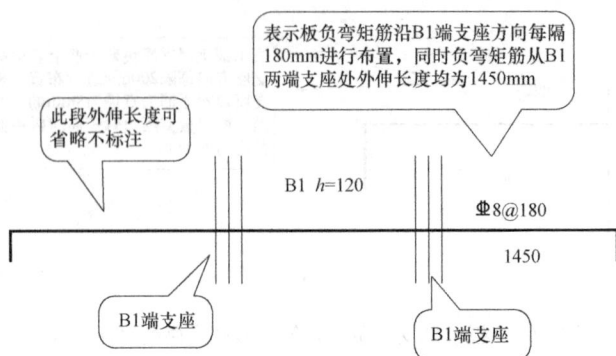

图 1-110　板上部支座负弯矩筋由板两端端支座外伸平法标注

1.5　墙钢筋读图识图

1.5.1　墙钢筋结构组成

墙钢筋结构主要由墙竖向下部纵向钢筋、墙竖向上部纵向钢筋、墙水平分布钢筋、墙身钢筋拉钩和墙边缘构件（柱构件）组成。当墙钢筋为地下室外墙钢筋时，除了上述组成部分之外，地下室外墙钢筋一般还设有墙竖向附加钢筋，如图 1-111、图 1-112 所示。

图 1-111　墙钢筋安装成品

图 1-112　地下室外墙钢筋

1.5.2　墙钢筋读图识图

（1）在进行地下室外墙读图识图前，首先应先熟悉和了解地下室外墙钢筋的常规构造，其构造如图 1-113 所示。

在进行地下室外墙钢筋结构图纸设计时，设计单位常常采用原位标注的方法进行地下室外墙钢筋标注，在进行地下室外墙钢筋读图识图时，只要熟读并读懂地下室外墙钢筋节

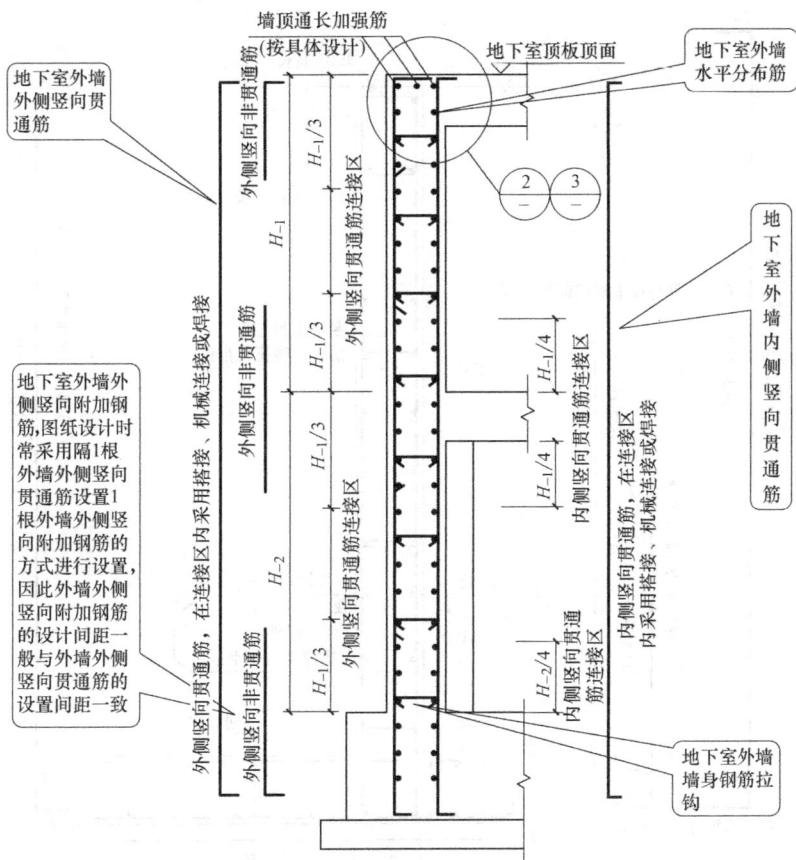

图 1-113　常见地下室外墙钢筋构造

点设计详图（钢筋平法图）即可，如图 1-114 所示。

图 1-114 中地下室外墙钢筋平法解读：

① 号钢筋表示地下室外墙外侧竖向贯通钢筋为直径 16mm（墙厚为 400mm 时直径为 22mm）的三级钢，贯通钢筋布置间距为 200mm，钢筋在基础中的锚固长度为580mm，在基础上部外伸长度为 4210mm（墙厚为 400mm 时长度为 6260mm）且钢筋底部和顶部各带有 1500mm（墙厚为 400mm 时为 2500mm）和 240mm 的钢筋弯头。

② 号筋表示地下室外墙内侧竖向贯通钢筋为直径 14mm（墙厚为 400mm 时直径为20mm）的三级钢，钢筋布置间距为 200mm，钢筋在基础中的锚固长度为 580mm，在基础上部外伸长度为 4210mm（墙厚为 400mm 时长度为 6260mm）且钢筋底部和顶部各带有 1030mm 和 240mm 的钢筋弯头。

③ 号筋表示地下室外墙外侧竖向附加钢筋，外墙外侧竖向附加钢筋为直径 16mm（墙厚为 400mm 时直径为 22mm）的三级钢，钢筋布置间距为 200mm，钢筋在基础中的锚固长度为 580mm，在基础上部外伸长度为 2000mm（墙厚为 400mm 时长度为 3000mm）

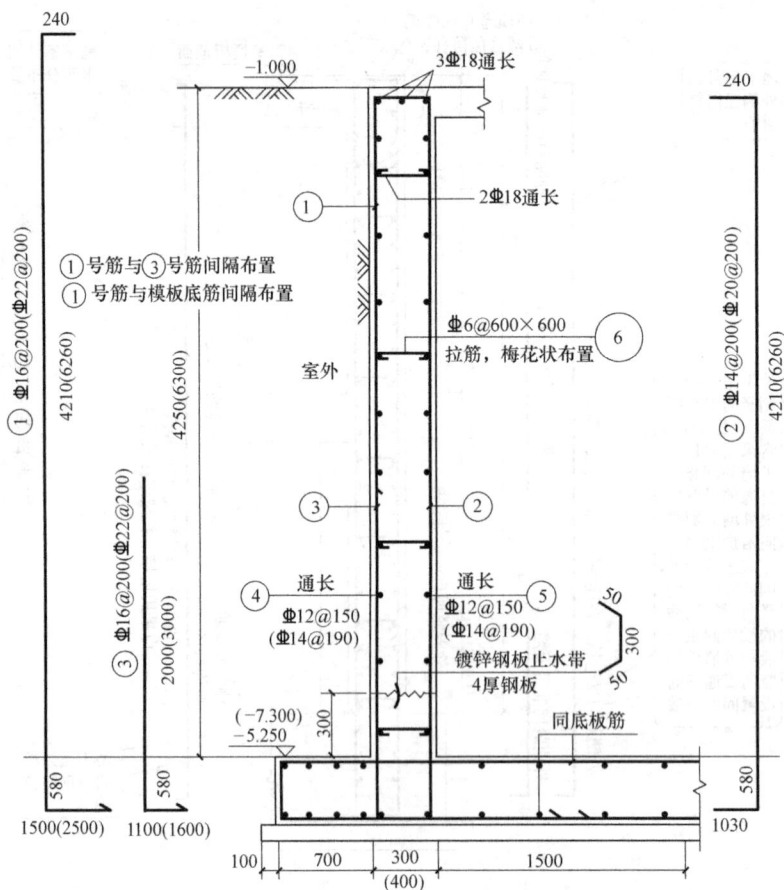

图 1-114　某工程地下室外墙钢筋平法标注截图

且钢筋在基础中锚固带有 1100mm（墙厚为 400mm 时长度为 1600mm）长的钢筋弯头；此时地下室外墙竖向附加钢筋与地下室外墙竖向贯通钢筋按照"隔一布一"的方式进行布置。

④ 号筋表示地下室外墙外侧水平钢筋，地下室外墙外侧水平钢筋为直径 12mm（墙厚为 400mm 时直径为 14mm）的三级钢，钢筋布置间距为 150mm（墙厚为 400mm 时间距为 190mm）。

⑤ 号筋表示地下室外墙内侧水平钢筋，地下室外墙内侧水平钢筋为直径 12mm（墙厚为 400mm 时直径为 14mm）的三级钢，钢筋布置间距为 150mm（墙厚为 400mm 时间距为 190mm）。

⑥ 号筋表示地下室外墙墙身钢筋拉钩为直径 6mm 的三级钢，钢筋拉钩呈梅花形进行布置，布置间距为 600mm×600mm。

（2）除地下室外墙钢筋平法读图识图外，其他结构墙体钢筋的平法标注一般会在墙结构施工图中以列表的方式进行标注，如图 1-115、图 1-116 所示。

（3）在进行墙边缘构件（比如：GBZ、YBZ 等）钢筋读图识图时，设计单位一般会在进行墙边缘构件钢筋结构施工图设计时,在结构施工图中设计有墙边缘构件的钢筋构造详图并在其构造详图上进行钢筋平法标注,如图1-117、图1-118所示。

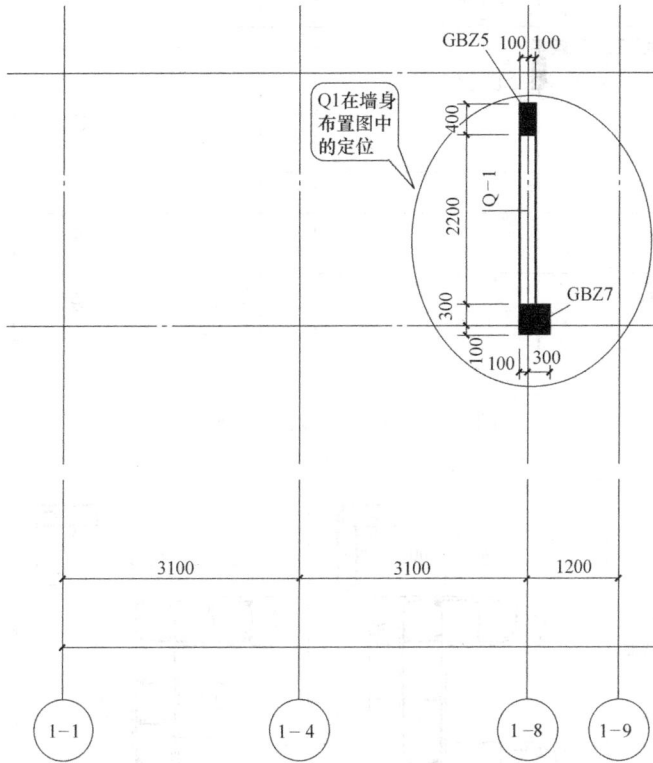

图1-115 某工程墙布置图截图

(1-1)~(1-34)轴标高从-0.030~43.470m墙柱平面布置 1:100

剪力墙、柱施工图说明:

剪力墙身表					
名称	标高	墙厚(mm)	水平分布筋	垂直分布筋	拉筋
Q1	基础面~37.670m	200(2排)	Φ8@200	Φ8@150	Φ6@600×600
Q2	基础面~5.770m	300(2排)	Φ8@100	Φ12@130	Φ6@300×390
	5.770~37.670m	300(2排)	Φ8@130	Φ12@150	Φ6@390×450
Q3	基础面~37.670m	250(2排)	Φ8@150	Φ8@150	Φ6@450×450
Q4	基础面~8.670m	250(2排)	Φ8@150	Φ8@150	Φ6@450×450
	8.670m~37.670m	200(2排)	Φ8@200	Φ8@150	Φ6@600×450

图1-116 某工程墙钢筋结构图中墙筋说明截图

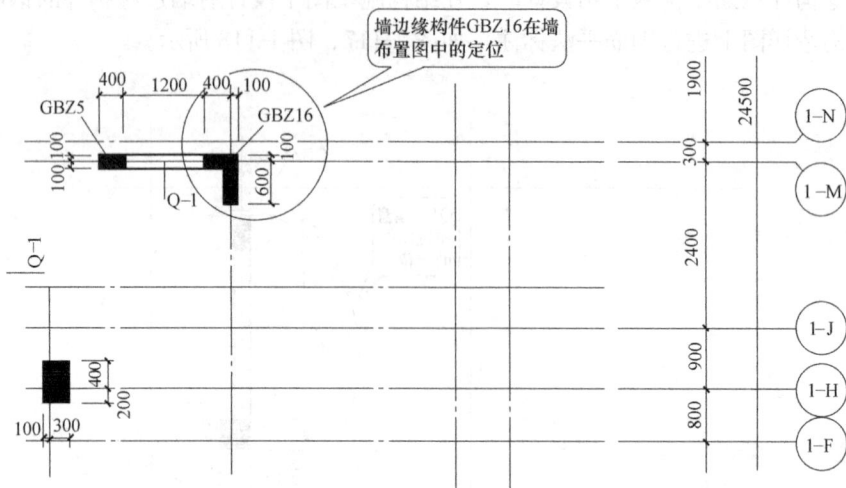

图 1-117 某工程墙布置图截图

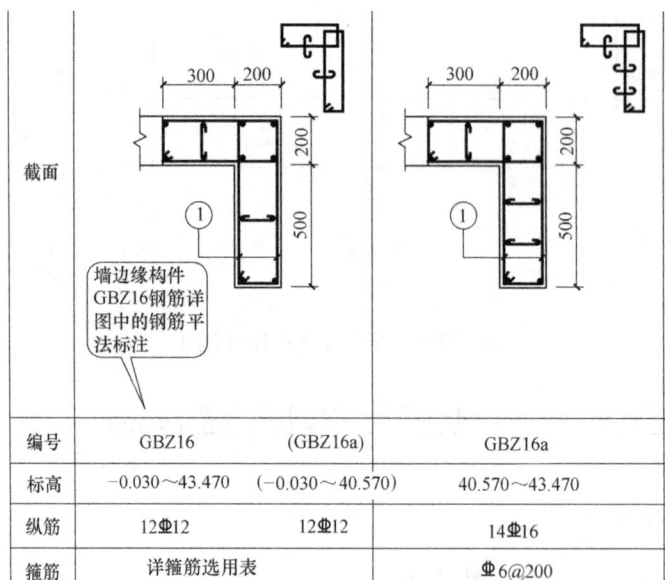

编号	GBZ16	(GBZ16a)	GBZ16a
标高	−0.030～43.470	(−0.030～40.570)	40.570～43.470
纵筋	12Φ12	12Φ12	14Φ16
箍筋	详箍筋选用表		Φ6@200

图 1-118 墙钢筋结构施工图中墙边缘构件钢筋详图的截图

1.6 柱钢筋读图识图

1.6.1 柱钢筋结构组成

柱钢筋结构主要由柱箍筋（分为柱加密箍筋、柱非加密箍筋和柱节点核心区加密箍筋）、柱钢筋拉钩、柱下部连接纵向受力钢筋和柱上部连接纵向受力钢筋组成，如图 1-119～图 1-121 所示。

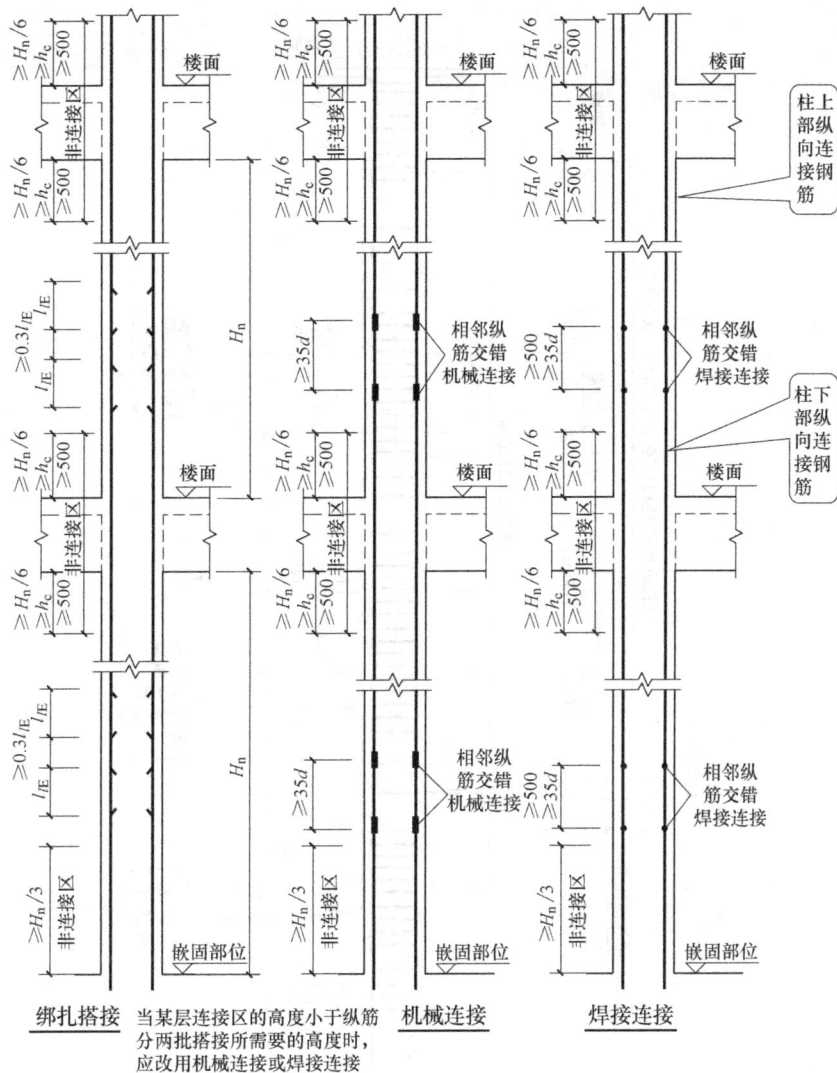

图 1-119　抗震 KZ 纵向受力钢筋构造

1.6.2　柱钢筋读图识图

（1）柱编号应符合表 1-4 的规定。

柱编号的规定　　　　　　　　　　　　　　　　　　表 1-4

柱 类 型	代 号	序 号
框架柱	KZ	××
转换柱	ZHZ	××
芯柱	XZ	××
梁上柱	LZ	××
剪力墙上柱	QZ	××

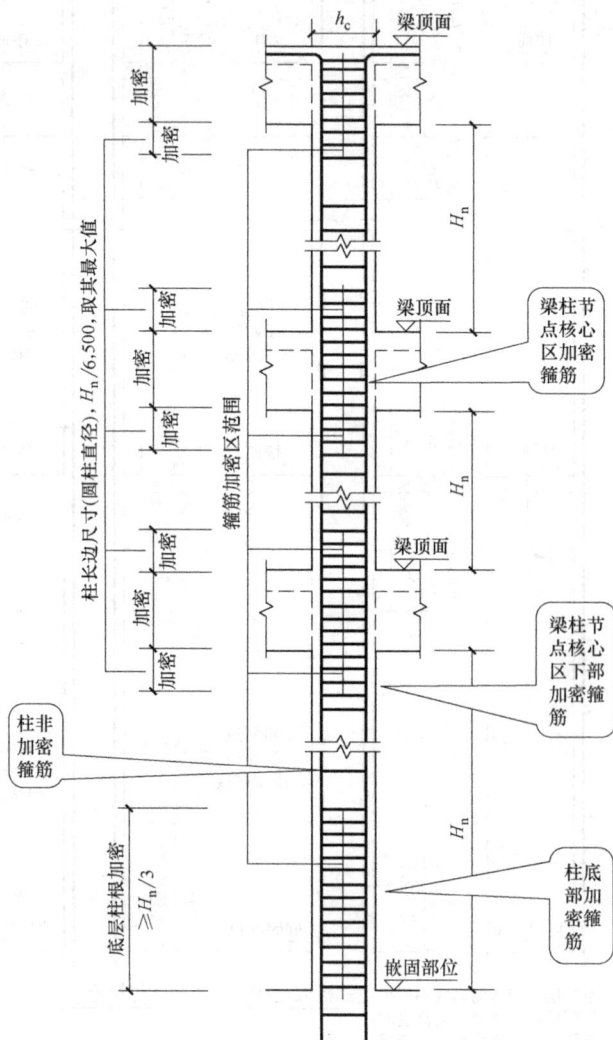

图 1-120 抗震 KZ、QZ 和 LZ 箍筋加密构造

（2）柱箍筋平法标注方法

1）当柱箍筋为全高加密，且梁柱节点核心区箍筋与柱加密箍筋相同时，其钢筋标注文字表示如下：

××直径钢筋@柱箍筋加密间距

【例】Φ12@100，表示柱箍筋全高加密，加密间距为 100mm，直径为 12mm 的一级钢，且梁柱节点核心区箍筋与柱加密箍筋相同。

2）当柱箍筋为全高加密，且梁柱节点核心区箍筋与柱加密箍筋不相同时，其钢筋标注文字表示如下：

××直径钢筋@柱箍筋加密间距（××直径钢筋@梁柱节点核心区柱筋加密箍筋间距）

42

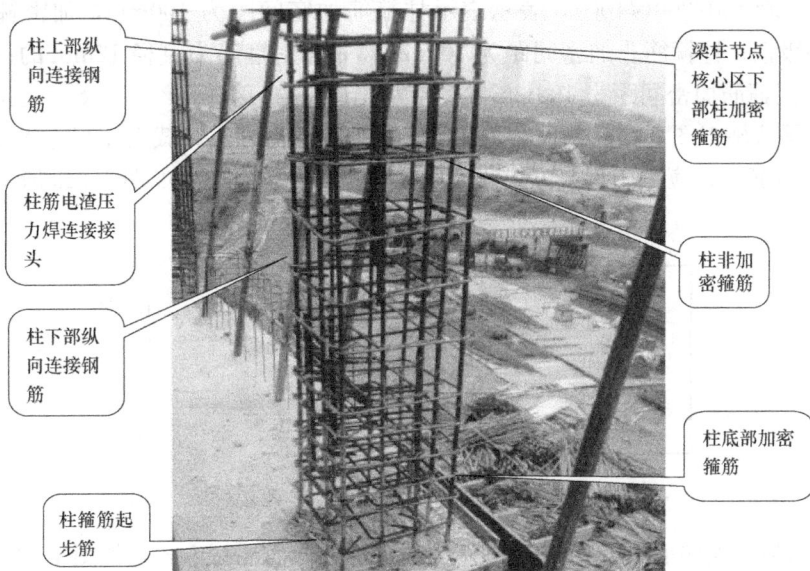

图 1-121　柱钢筋安装成品（电渣压力焊连接）

【例】$\phi12@100（\phi14@100）$，表示柱箍筋全高加密，加密间距为 100mm，直径为 12mm 的一级钢；梁柱节点核心区柱箍筋间距为 100mm，直径为 14mm 的一级钢。

3）当柱箍筋为加密箍筋和非加密箍筋复合形式，且梁柱节点核心区箍筋与柱加密箍筋相同时，其钢筋标注文字表示如下：

××直径钢筋@柱箍筋加密间距/柱箍筋非加密间距，如图 1-122 所示。

【例】$\phi12@100/200$，表示柱箍筋加密间距为 100mm，加密箍筋直径为 12mm 的一级钢；柱箍筋非加密间距为 200mm，非加密箍筋直径为 12mm 的一级钢。

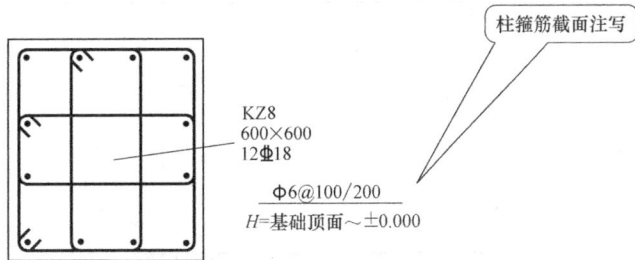

图 1-122　柱截面注写方式（1）

图 1-122 柱截面注写表示该柱为 8 号框架柱，柱截面尺寸为 600mm×600mm，柱角部配置有 4 根直径为 18mm 的三级钢，柱加密箍筋间距为 100mm，加密箍筋为直径 6mm 的一级钢；非加密箍筋间距为 200mm，非加密箍筋为直径 6mm 的一级钢，另外柱每边各配置有 2 根直径为 18mm 的非角部纵向受力钢筋。

4）当柱箍筋为加密箍筋和非加密箍筋复合形式，且梁柱节点核心区箍筋与柱加密箍筋相同时，其钢筋标注文字表示如下：

××直径钢筋@柱箍筋加密间距/柱箍筋非加密间距（××直径钢筋@梁柱节点核心区柱箍筋加密间距）

【例】$\phi12@100/200(\phi100)$，表示表示柱箍筋加密间距为 100mm，加密箍筋为直径 12mm 的一级钢；柱箍筋非加密间距为 200mm，非加密箍筋为直径 12mm 的一级钢；梁柱节点核心区箍筋加密间距为 100mm，直径为 14mm 的一级钢。

（3）柱平法施工图系在柱平面布置图上采用列表注写方式或截面注写方式表达。施工图设计时柱钢筋也相应采用列表方式或截面注写方式进行表达，如图 1-123 所示。

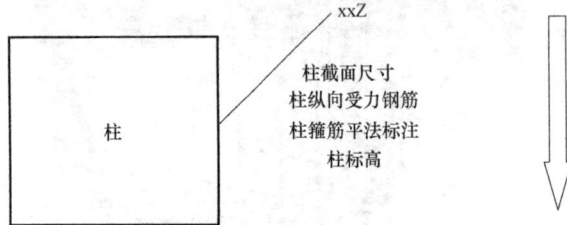

图 1-123　柱截面注写方式（2）

【例】以某工程柱平面布置图中 KZ3 为例解析柱截面注写方式，如图 1-124、图 1-125 所示。

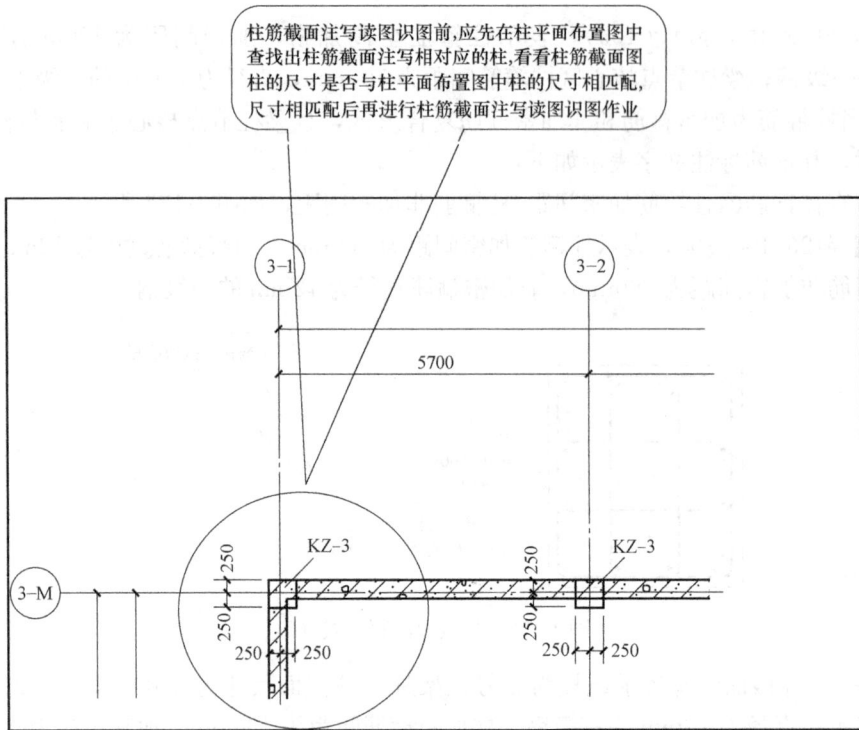

图 1-124　柱（KZ3）在柱平面布置图中的定位截图

图 1-125 柱（KZ3）截面注写表示 3 号框架柱截面尺寸为 500mm×500mm，柱角部共配置有 4 根直径为 18mm 的三级钢的纵向受力钢筋，另外柱四边每边各配置有 2 根直径为 18mm 的三级钢的非角部纵向受力钢筋。柱箍筋为直径为 8mm 的一级钢，箍筋加密间距为 100mm，非加密间距为 200mm。柱的标高从基础顶面到－1.200m 位置。

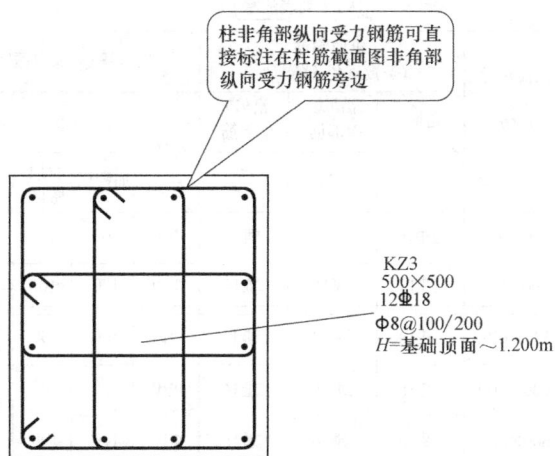

柱非角部纵向受力钢筋可直接标注在柱筋截面图非角部纵向受力钢筋旁边

KZ3
500×500
12Φ18
Φ8@100/200
H=基础顶面~1.200m

图 1-125 柱（KZ3）截面注写方式

【例】以某工程柱平面布置图中 KZ2 为例解析柱列表注写方式，如图 1-126、图 1-127 所示。

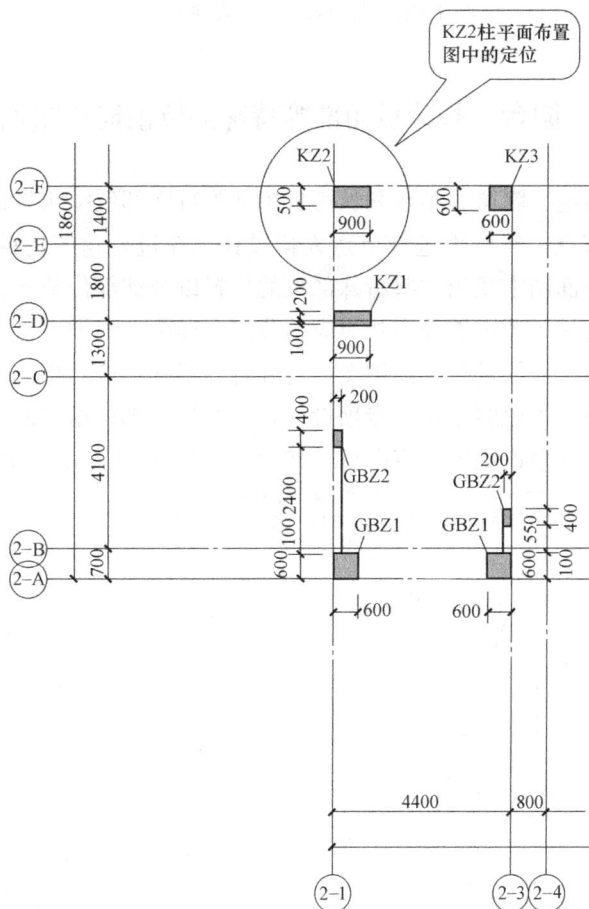

图 1-126 柱（KZ2）在柱平面布置图中的定位截图

柱编号	截面尺寸 $b×h$	纵向钢筋（条数直径,每侧计）			周边箍④及内箍⑤⑥					
		角筋①	沿b边中部筋②	沿h边中部筋③	直径	间距		加密区高度S	内箍肢数	
						加密区	非加密区		⑤	⑥
KZ1	300×900	2Φ16	1Φ14	4Φ14	Φ10	100	100	900 / 1800	1	4
KZ2	900×500	2Φ18	4Φ18	2Φ16	Φ10	100	100	900 / 1800	4	2
KZ3	300×1200	2Φ18	1Φ18	5Φ14	Φ10	100	100	1200 / 1800	1	5
KZ4	600×600	2Φ18	2Φ16	2Φ16	Φ10	100	100	900 / 1800	2	2
KZ5	600×600	2Φ18	2Φ16	2Φ16	Φ10	100	100	900 / 1800	2	2
KZ6	600×600	2Φ18	2Φ16	2Φ16	Φ10	100	100	900 / 1800	2	2
KZ7	400×800	2Φ18	1Φ14	3Φ16	Φ10	100	100	900 / 1800	1	3
KZ8	600×600	2Φ18	2Φ16	2Φ16	Φ10	100	100	900 / 1800	2	2

图 1-127　柱（KZ2）列表注写方式

1.7　雨篷、飘窗、阳台、长跨板角部等特殊部位钢筋读图识图

　　结构施工图中雨篷、飘窗、阳台和长跨板角部等特殊部位结构设计一般在结构平面图中相应部位先引出节点，然后再进行节点大样设计。在进行这些特殊部位结构读图识图时，首先应在结构平面图中找出这些特殊部位的位置以及该部位节点编号，然后根据查找出的节点编号在结构施工图中查找出相对应的节点大样图，根据节点大样图中的构件尺寸和钢筋构造以及配筋标注等进行读图识图。另外有些特殊部位结构的钢筋在结构施工图中的设计总说明里已进行了说明或做了专项设计，这些特殊部位结构的钢筋读图识图只要熟读结构施工图中的设计总说明的规定即可，如图 1-128～图 1-131 所示。

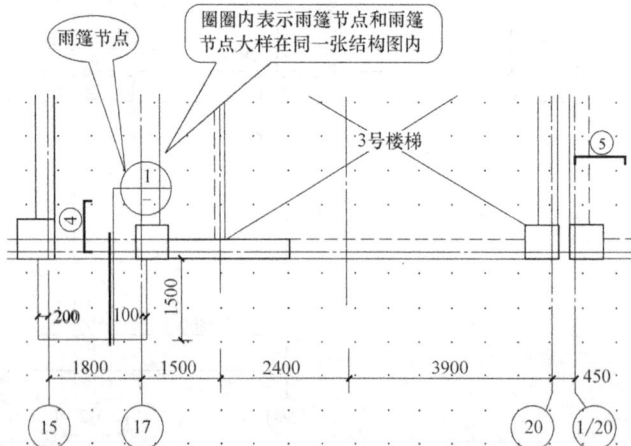

图 1-128　某工程结构平面图截图（雨篷节点）

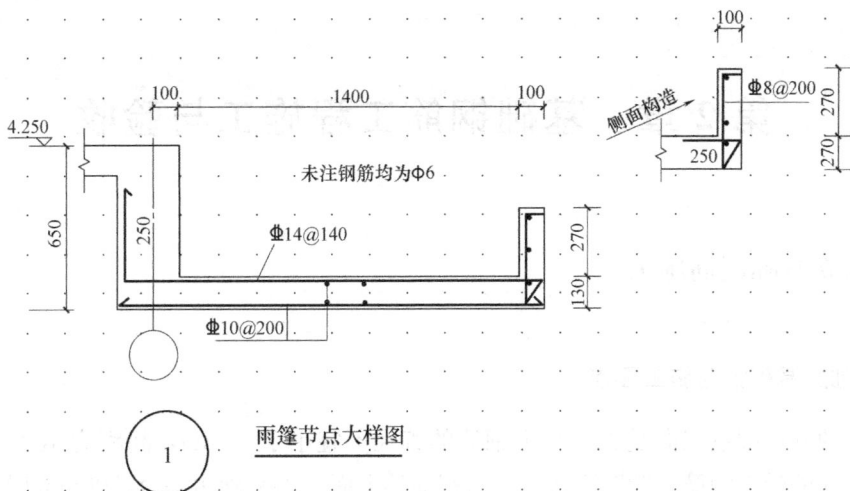

图 1-129　某工程结构平面图截图（雨篷节点大样）

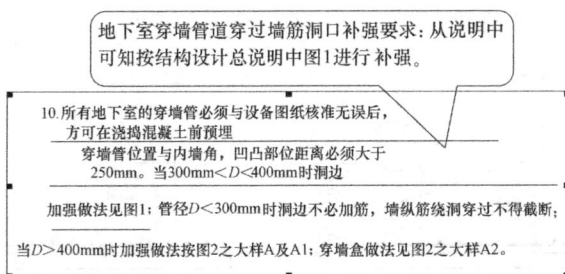

图 1-130　某工程结构设计总说明截图（1）

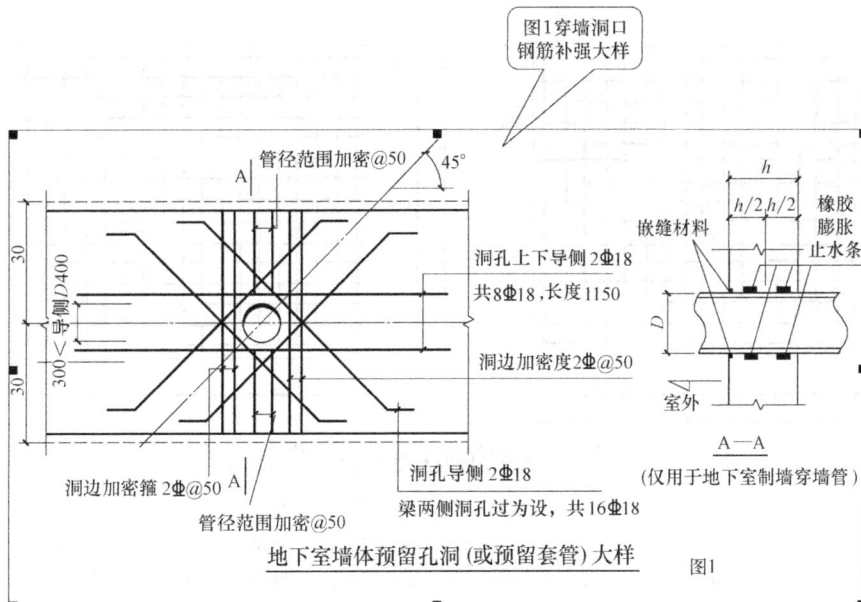

图 1-131　某工程结构设计总说明截图（2）

第2章 基础钢筋工程施工与验收

2.1 独立基础钢筋施工

2.1.1 独立基础钢筋施工要点

（1）独立基础系双向受力，受力钢筋的直径不宜小于10mm，间距为100~200mm。沿短边方向的受力钢筋一般置于长边受力钢筋的上面。当基础边 $B \geqslant 2500mm$ 时（除基础支承在桩上外），受力钢筋的长度可缩短10%，交错布置。当非对称独立基础底板长度 $\geqslant 2500mm$，但该基础某侧从柱中心至基础底板边缘的距离 $\leqslant 1250mm$ 时，钢筋在该侧不应缩短，如图2-1、图2-2所示。

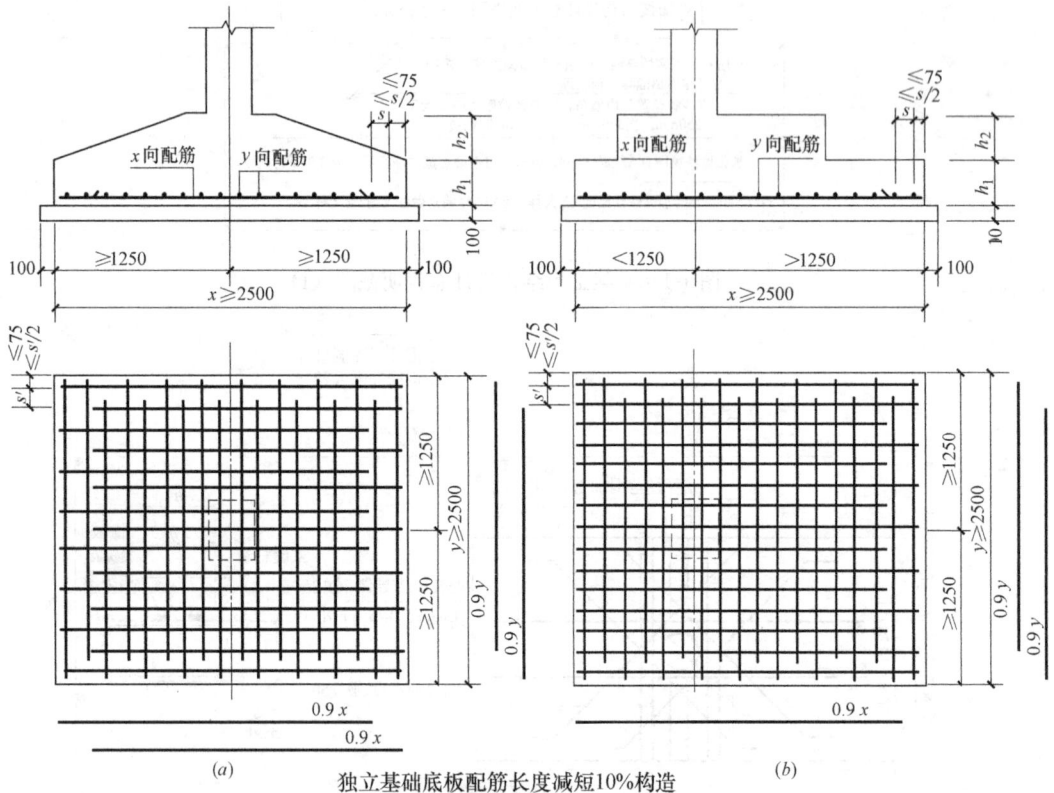

独立基础底板配筋长度减短10%构造

图 2-1 现浇柱下独立基础配筋

(*a*) 对称独立基础；(*b*) 非对称独立基础

注：1. 当独立基础底板长度 $\geqslant 2500mm$ 时，除外侧钢筋外，底板配筋长度可取相应方向底板长度的0.9倍，交错放置。

2. 当非对称独立基础底板长度 $\geqslant 2500mm$，但该基础某侧从柱中心至基础底板边缘的距离 $< 1250mm$ 时，钢筋在该侧不应减短。

图 2-2　独立基础底板配筋构造

（2）现浇柱下独立基础的插筋的数量、直径、间距以及钢筋的种类应与柱中纵向受力钢筋相同，下端宜做成直弯钩，放在基础的钢筋网上，如图 2-3、图 2-4 所示。

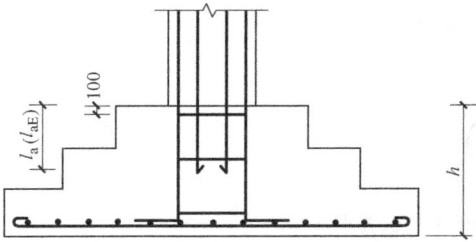

图 2-3　现浇柱下独立基础配筋

图 2-4　独立基础插筋构造

当柱为轴心受压或小偏心受压、基础高度 $h \geqslant 1200\text{mm}$，或柱为偏心受压、基础高度 $h \geqslant 1400\text{mm}$ 时，可仅将四角的插筋伸至底板钢筋网上，其余插筋锚固在基础顶面下 l_a 或 l_{aE}（有抗震设防要求时）处，插筋的箍筋与柱中箍筋相同，基础内设置两个，如图 2-5 所示。

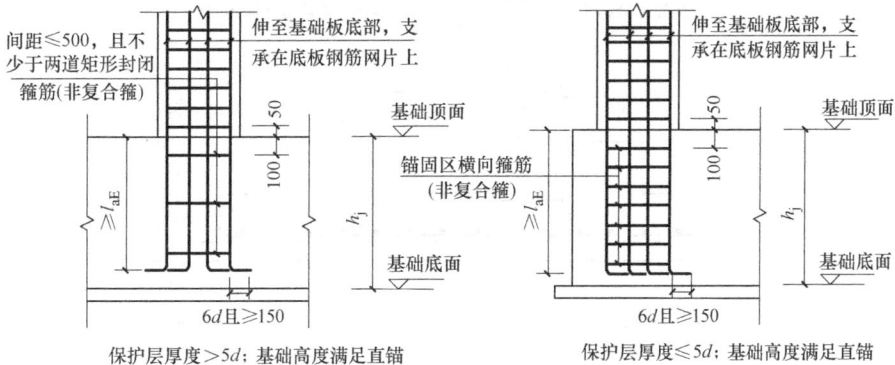

图 2-5　柱纵向钢筋在基础中构造要求

间距≤500，且不少于两道
矩形封闭箍筋(非复合箍)

基础顶面

h_j

基础底面

保护层厚度＞5d，基础高度不满足直锚

锚固区横向箍筋(非复合箍)

基础顶面

h_j

基础底面

保护层厚度≤5d，基础高度不满足直锚

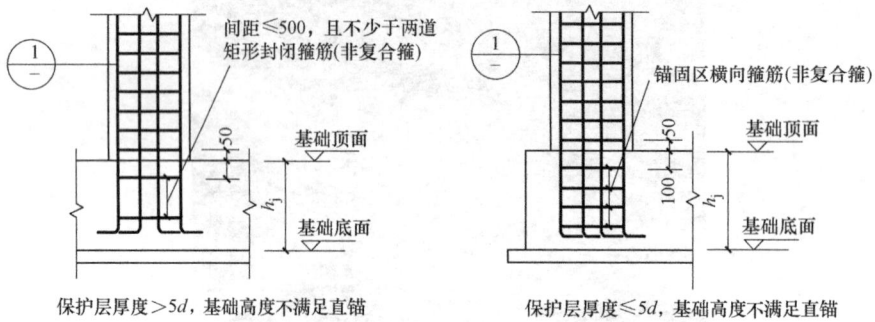

柱纵向钢筋在基础中构造

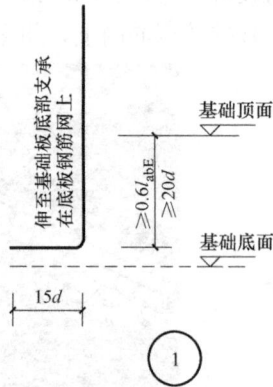

伸至基础板底部支承
在底板钢筋网上

基础顶面

$\geqslant 0.6 l_{abE}$
$\geqslant 20d$

基础底面

15d

①

图 2-5 柱纵向钢筋在基础中构造要求（续）

（3）预制柱下杯形基础，当 $t/h_2 < 0.65$ 时（t 为杯口厚度，h_2 为杯口外壁高度），杯口需要配筋，如图 2-6～图 2-8 所示。

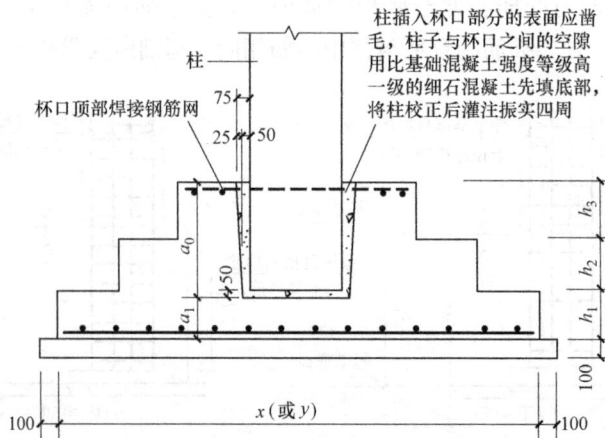

柱插入杯口部分的表面应凿
毛，柱子与杯口之间的空隙
用比基础混凝土强度等级高
一级的细石混凝土先填底部，
将柱校正后灌注振实四周

柱

杯口顶部焊接钢筋网

75
25 50

a_0

50

a_1

h_3

h_2

h_1

100

x（或 y）

100   100

图 2-6 杯口独立基础构造

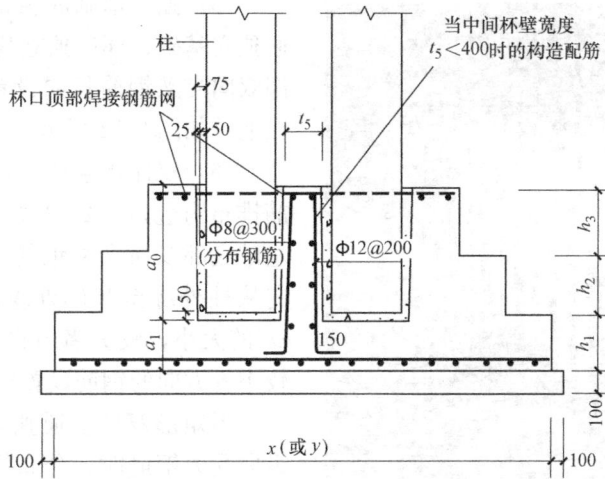

图 2-7 双杯口独立基础构造

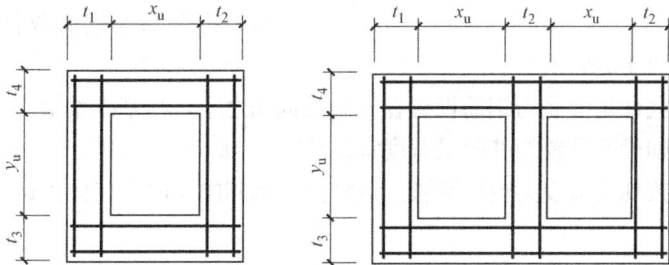

图 2-8 杯口顶部焊接钢筋网

（4）柱插筋必须做好定位放线，插筋前要复核定位是否准确。插筋的位置应采取措施（点焊等）固定避免跑位，如图 2-9 所示。

捣混凝土前柱插筋可用 PVC 线管或塑料薄膜做保护，（图 2-10、图 2-11）捣混凝土后也应及时复核插筋位置是否受扰动而跑位。

图 2-9 基础柱插筋加固防扰动

图 2-10 柱插筋防污染保护（1）

图 2-11 柱插筋防污染保护（2）

（5）独立基础底板钢筋排布构造（普通独立基础、杯口独立基础）：独立基础底部双向交叉钢筋长向设置在下，短向设置在上，如图 2-12 所示。

（6）双柱普通独立基础底部与顶部钢筋排布构造如图 2-13 所示。双柱普通独立基础底部双向交叉钢筋，根据基础两个方向从柱外缘至基础外缘的延伸长度 ex 和 ex' 的大小，较大者方向的钢筋设置在下，较小者方向的钢筋设置在上。

当矩形双柱普通独立基础的顶部设置纵向受力钢筋时，分布钢筋宜设置在受力纵向钢筋之下。双向普通独立基础的长向为何向由设计决定。

（7）设置基础梁的双柱普通独立基础钢筋排布构造如图 2-14 所示。

双柱独立基础底部短向受力钢筋设置在基础梁纵筋之下，与基础梁箍筋的下水平段位于同一层面。双柱基础梁所设置的基础梁宽度宜比柱宽≥100mm（每边≥50mm）。当基础梁宽度小于柱宽时，应按规定增设梁包柱侧腋。双柱独立基础的长向为何向由设计决定。

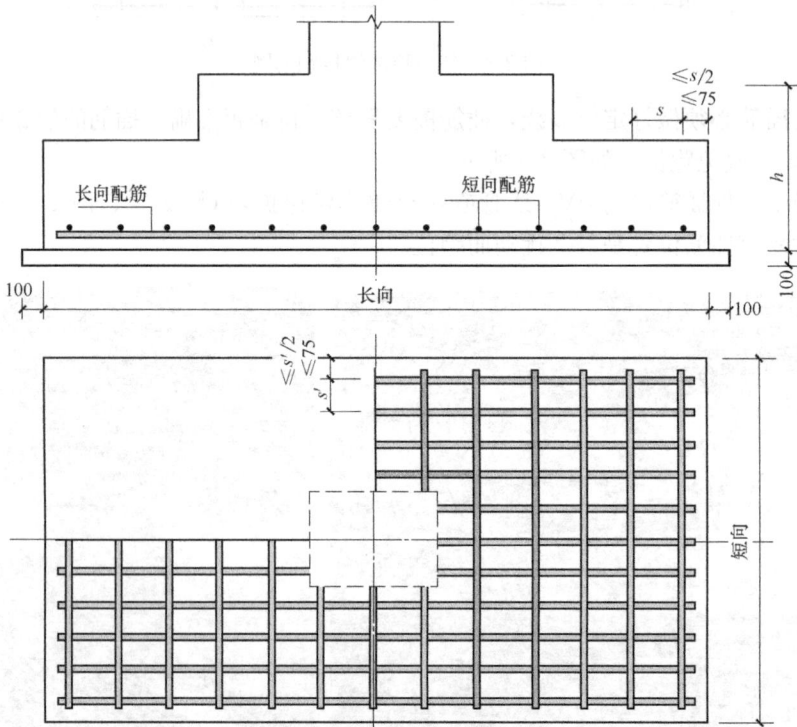
图 2-12 独立基础底板钢筋排布构造

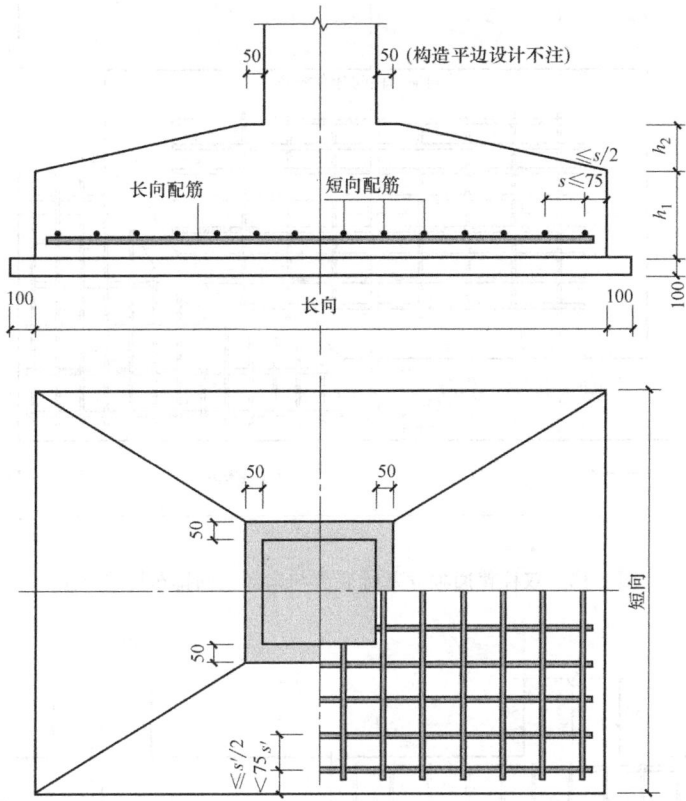

图 2-12 独立基础底板钢筋排布构造（续）

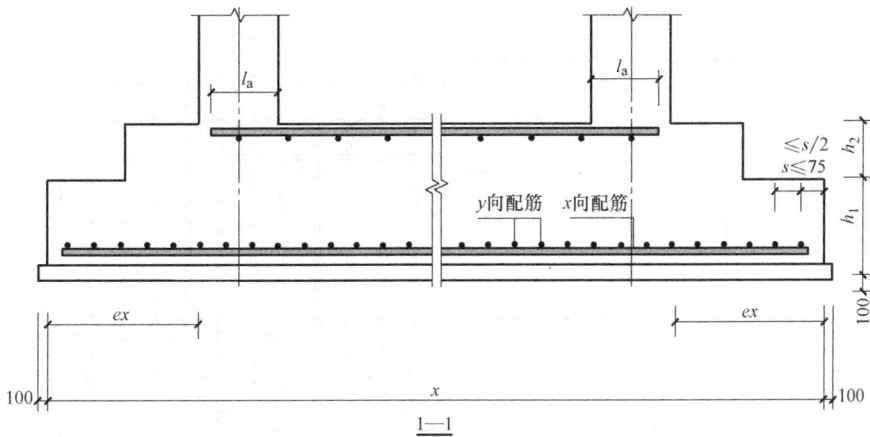

1—1

图 2-13 双柱普通独立基础底部与顶部钢筋排布构造

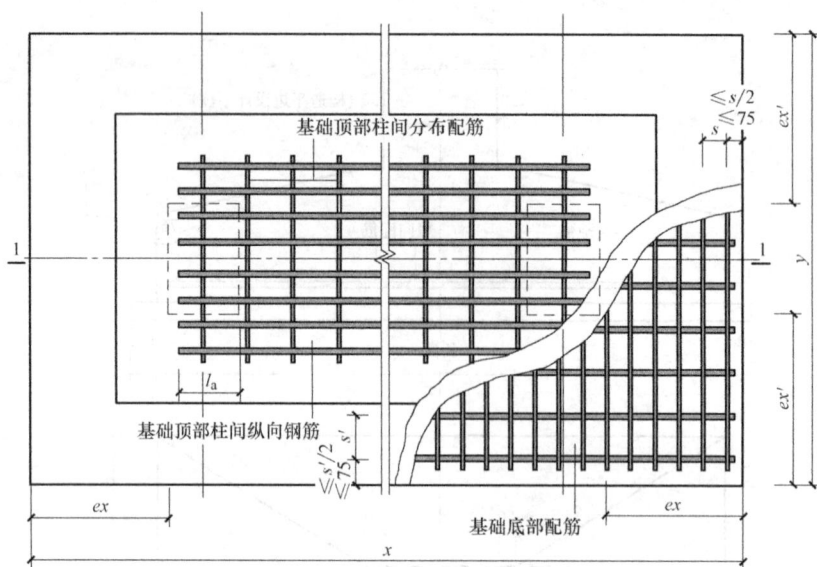

图 2-13 双柱普通独立基础底部与顶部钢筋排布构造（续）

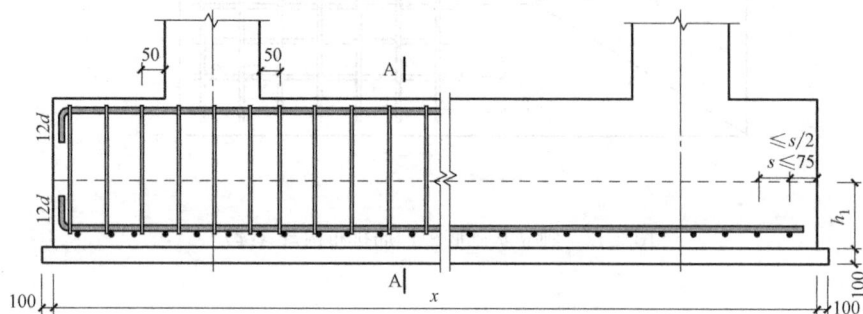

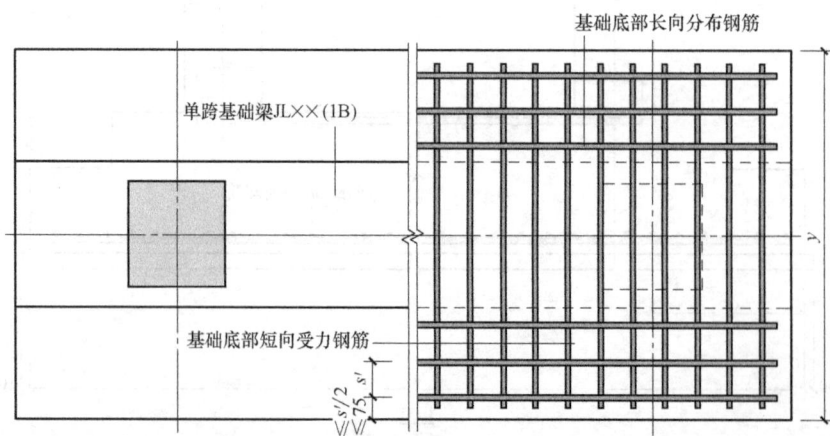

图 2-14 设置基础梁的双柱普通独立基础钢筋排布构造

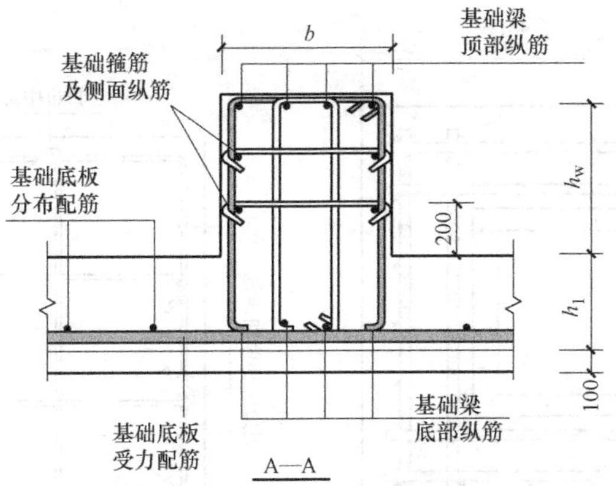

图 2-14　设置基础梁的双柱普通独立基础钢筋排布构造（续）

（8）高杯口独立基础钢筋排布构造如图 2-15 所示。当杯口基础的短柱外尺寸 $e \geqslant$ 1250mm 时，除外侧钢筋外，底板配筋长度可按减短 10% 配置。高杯口独立基础的长向为何向由设计决定。

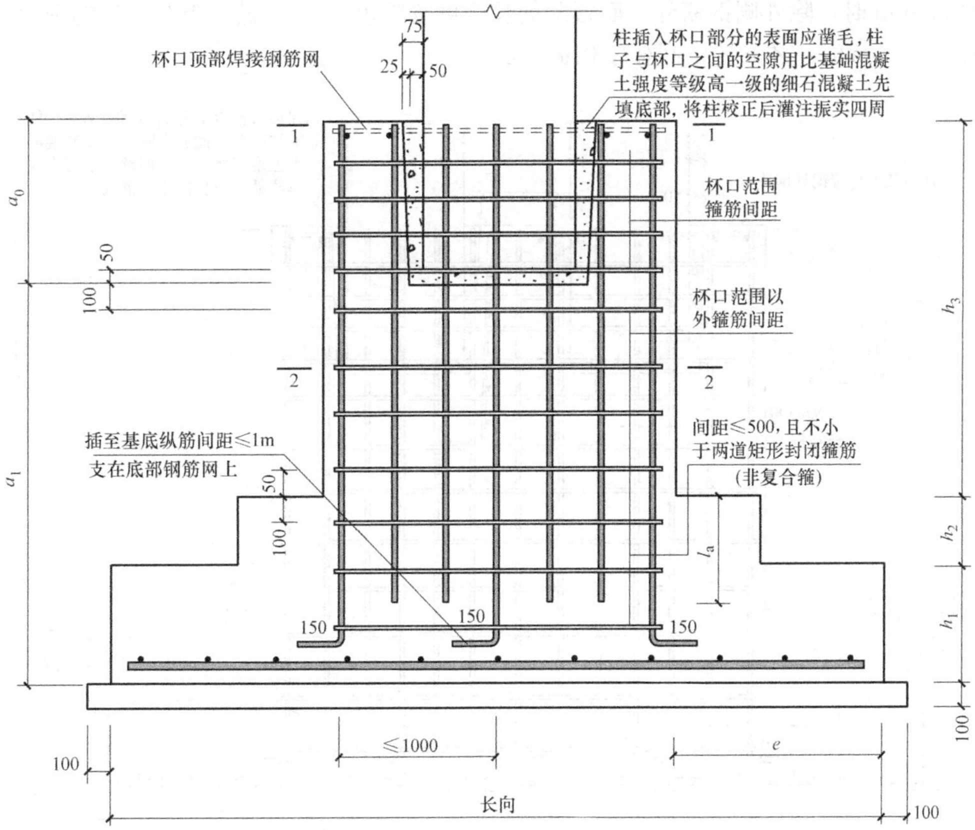

图 2-15　高杯口独立基础钢筋排布构造

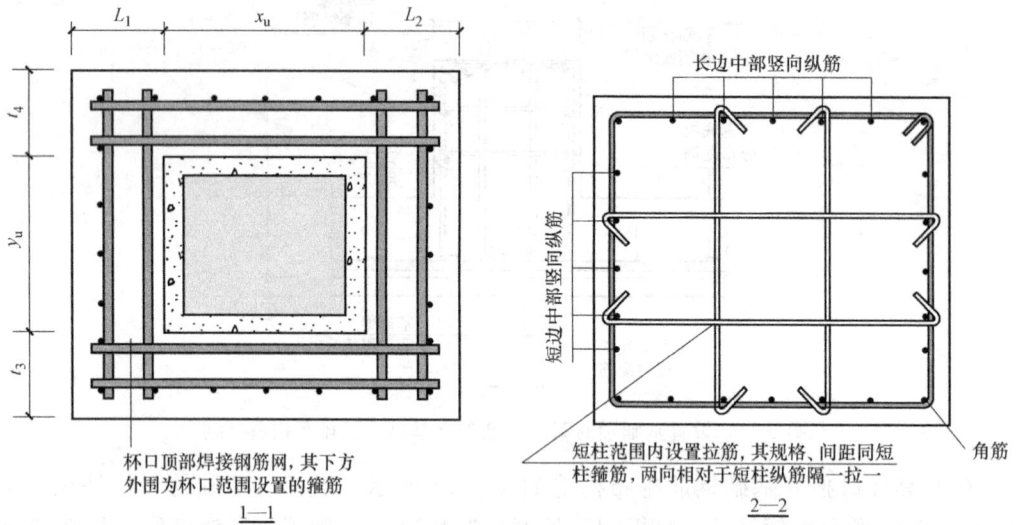

图 2-15 高杯口独立基础钢筋排布构造（续）

（9）高双杯口独立基础钢筋排布构造如图 2-16 所示。当高杯口基础的短柱边以外尺寸 $e \geqslant 1250$mm 时，除外侧钢筋外，底板配筋长度可按减短 10% 配置。当双杯口的中间壁宽度 $t_5 < 400$mm 时，才设置中间杯壁构造钢筋。

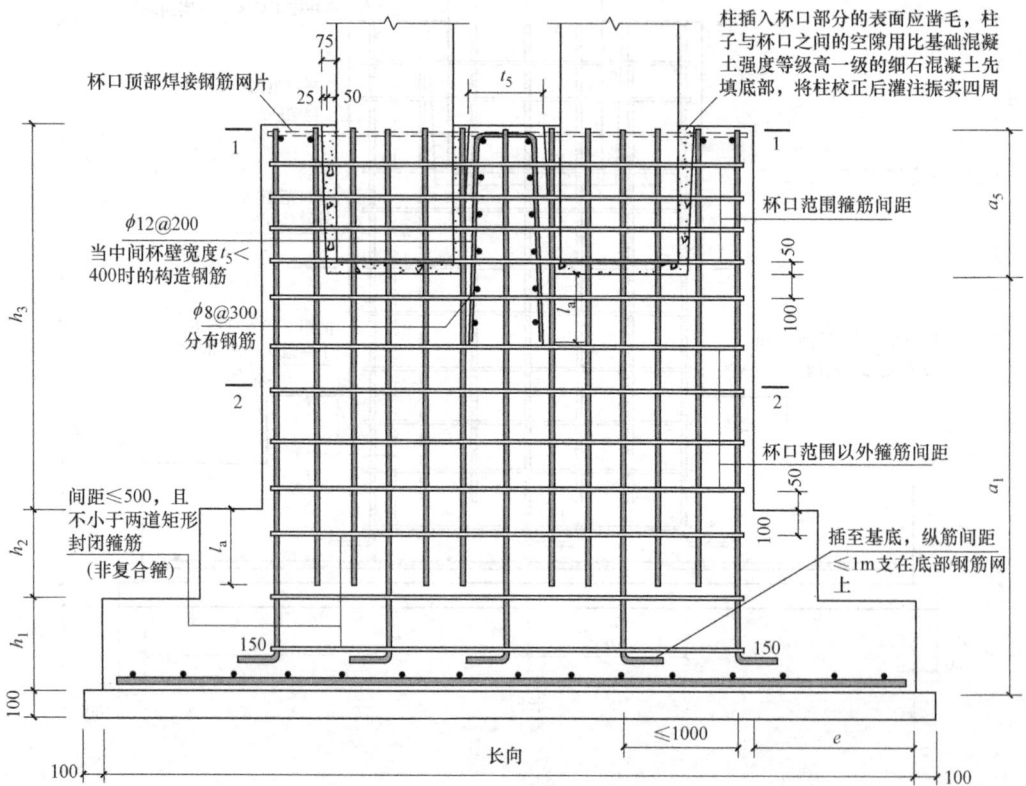

图 2-16 高双杯口独立基础钢筋排布构造

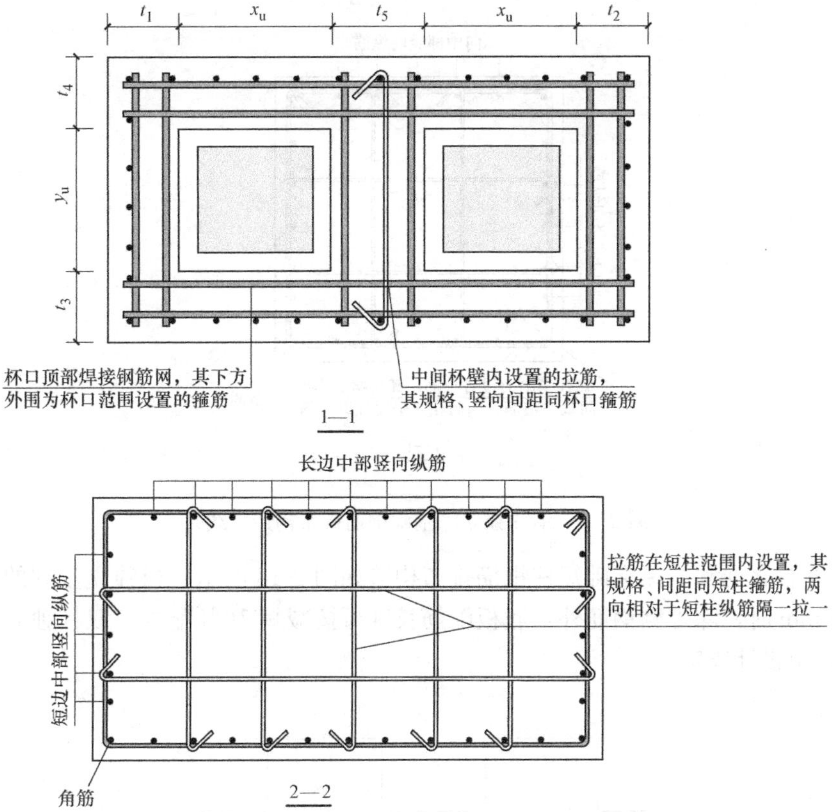

t_1 x_u t_5 x_u t_2
t_4 y_u t_3
杯口顶部焊接钢筋网，其下方
外围为杯口范围设置的箍筋
中间杯壁内设置的拉筋，
其规格、竖向间距同杯口箍筋
1—1
长边中部竖向纵筋
拉筋在短柱范围内设置，其
规格、间距同短柱箍筋，两
向相对于短柱纵筋隔一拉一
短边中部竖向纵筋
角筋
2—2

图 2-16　高双杯口独立基础钢筋排布构造（续）

（10）单柱独立深基础钢筋排布构造如图 2-17 所示。当深基础短柱边以外尺寸 $e \geqslant$ 1250mm 时，除外侧钢筋外，底板配筋长度可按减短 10%配置。单柱独立深基础的长向为何向由设计决定。

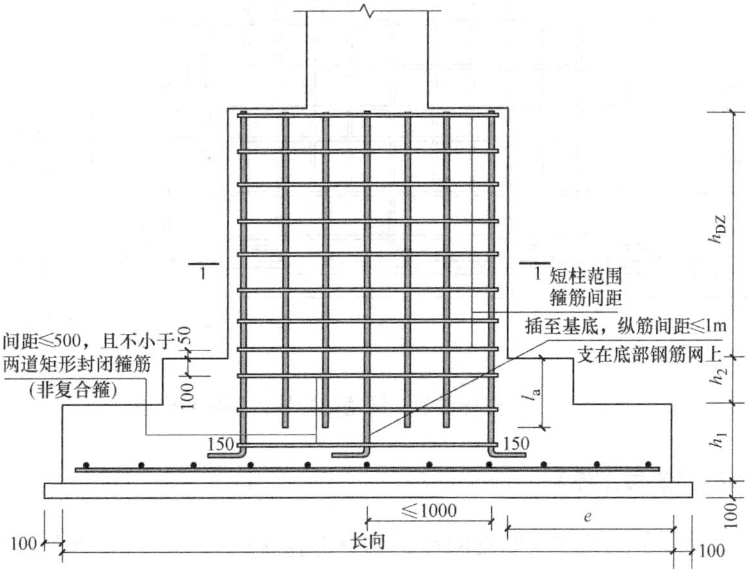

1
1
短柱范围
箍筋间距
插至基底，纵筋间距≤1m
支在底部钢筋网上
间距≤500，且不小于
两道矩形封闭箍筋
（非复合箍）
50
100
150
150
l_a
h_{DZ}
h_2
h_1
100
≤1000
e
100
长向
100

图 2-17　单柱独立深基础钢筋排布构造

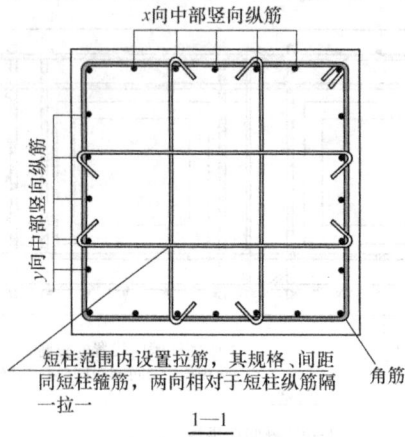

图 2-17 单柱独立深基础钢筋排布构造（续）

（11）双柱普通独立深基础短柱钢筋排布构造如图 2-18 所示。当独立基础的短柱外尺寸 $e \geqslant 1250$mm 时，除外侧钢筋外，底板配筋长度可按减短 10％配置。双柱独立深基础的长向为何向由设计决定。

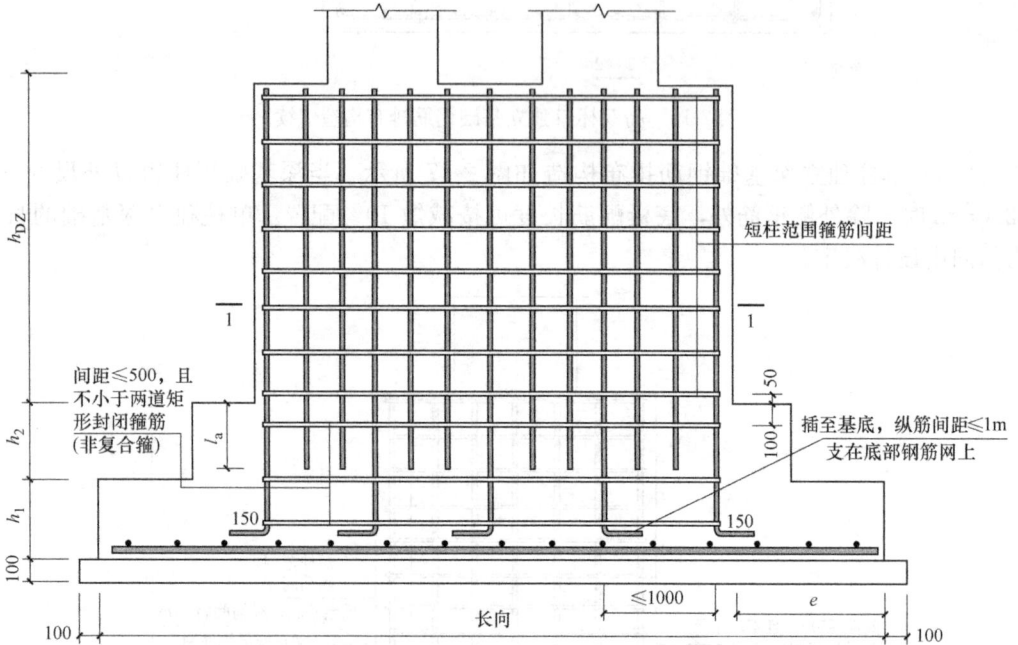

图 2-18 双柱普通独立深基础短柱钢筋排布构造

2.1.2 独立基础钢筋施工流程

测量放线→弹钢筋位置线→摆放网片钢筋→绑扎底板钢筋→调整网片放置垫块→绑扎柱子插筋→校正柱插筋位置并固定→检查验收。

2.1.3 独立基础钢筋操作工艺要求

（1）测量放线：测量人员依据已经投测到基坑内的控制网将柱基础的轴线边线用黑色墨线弹出（图 2-19）。放线过程中要注意承台或柱截面尺寸，避免将承台或柱截面尺寸缩小或放大的现象。放完线后一定要进行复核，防止放线出现错误影响结构安全或造成返工，增加成本。

（2）弹钢筋位置线：钢筋工依据柱基础的轴线、边线将钢筋线弹出，颜色为红色，以区别轴线。并且用红色油漆注明钢筋的型号，以便于绑扎时核对钢筋加工料牌，防止绑错。弹钢筋位置线时，要注意矩形柱截面方向和柱截面尺寸不能弄错。

（3）摆放底板网片钢筋：根据柱基础的型号及配筋摆放网片上下层钢筋，摆放时，应注意设计图纸要求是长向钢筋在下还是短向钢筋在下，对于边长≥2.5m 的

图 2-19　基础弹线定位

基础，钢筋应交错布置（图 2-20）。摆放钢筋时应根据弹好的墨线来保证板筋的间距符合设计图纸的要求。摆放钢筋前应把底板网片钢筋长向和短向的规格型号用红色油漆写在旁边，以便摆放钢筋时核对。只有核对无误后才能正式开始摆放钢筋。

图 2-20　底板钢筋摆放

（4）绑扎网片：底板钢筋摆放好后，根据钢筋位置线用绑丝将上下层钢筋绑扎牢固，要求所有交叉点处采用八字扣逐扣绑扎，不得采用跳扣。如果出现跳扣现象，坚决要求补扎。

（5）放置垫块：基础钢筋网片绑扎完毕后，调整底板钢筋网片位置使其居中，按梅花形支垫好花岗石（砂浆）保护层垫块，保证侧面保护层。保护层厚度按设计要求，一般为 40mm。垫块的强度一定要足够，否则会出现破碎，不起作用。另外，垫块的间距也要注意，不能间距过大，不然影响效果。一般垫块的间距要保证在 600～1000mm 左右。

（6）绑扎柱子插筋：根据弹好的柱位置线，将柱伸入基础的插筋与基础钢筋网片间绑扎牢固，基础高度范围内自基础顶面以下 10cm 开始向下绑扎三道柱箍筋（图 2-21）。插筋前一定要核对图纸，保证柱插筋的规格、型号、数量，箍筋规格、型号、尺寸无误。另外也要注意柱插筋甩出长度和接头错开是否符合要求。过程中特别要注意的是箍筋的尺寸大小和矩形柱截面方向是否有误，因为施工中有时会出现用小的箍筋套在柱插筋上从而导致柱截面人为缩小的现象，也会有柱插筋中的矩形柱截面方向和设计不符的现象。

图 2-21　柱插筋绑扎固定

（7）校正固定柱插筋基础模板支设完毕，再次调整底板网片筋的位置，确保柱插筋位置准确牢固，可与基础模板体系连成整体，确保插筋垂直，不歪斜、不倾倒、不变位。在浇捣混凝土时也要随时注意校正，混凝土浇筑前在露出基础的插筋上裹 600mm 高的塑料薄膜以防止钢筋污染。浇混凝土前一定要做好交底，要注意做好对柱插筋的保护，不得随意碰撞柱插筋，以免柱插筋在浇捣混凝土后出现移位现象。如有必要，可将柱插筋与底板筋焊接在一起。

（8）检查验收：钢筋绑扎完毕，调整固定好保护层后，由技术、质检、施工人员共同组织验收，验收合格后报监理验收，监理验收合格后方可进行下道工序。

2.2　条形基础施工

2.2.1　墙下钢筋混凝土条形基础

（1）横向受力钢筋的直径不宜小于 10mm，间距为 100～200mm。

（2）纵向分布钢筋的直径不宜小于 8mm，间距不宜大于 300mm，每延米分布钢筋的面积应不小于受力钢筋面积的 15%。

（3）条形基础的宽度 $b \geqslant 2500$mm 时，横向受力钢筋的长度可减至 $0.9l$，并宜交错布置，如图 2-22、图 2-23 所示。但底板交接区的受力钢筋和无交接底板时端部第 1 根钢筋不应减短。

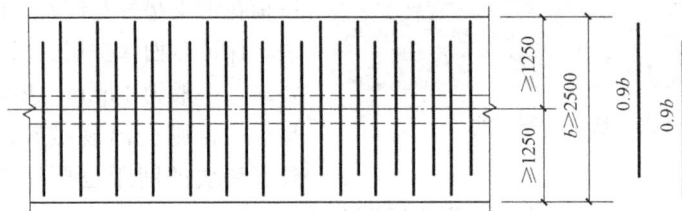

条形基础底板配筋长度减短10%构造

（底板交接区的受力钢筋和无交接底板时端部第1根钢筋不应减短）

图 2-22　条形基础底板配筋长度缩短构造

（4）条形基础在 T 形及十字形交接处底板横向受力钢筋仅沿一个主要受力方向通长布置，另一个方向的横向受力钢筋可布置到主要受力方向底板宽度 1/4 处；在拐角处底板横向受力钢筋应沿两个方向布置。在两向受力钢筋交接处的网状部位，分布钢筋与同向受

图 2-23　基础钢筋间隔缩短

力钢筋的搭接构造长度为 150mm。与柱下条形基础不同的是，墙下钢筋混凝土条形基础的底板的分布钢筋在梁宽范围内必须设置，如图 2-24、图 2-25 所示。

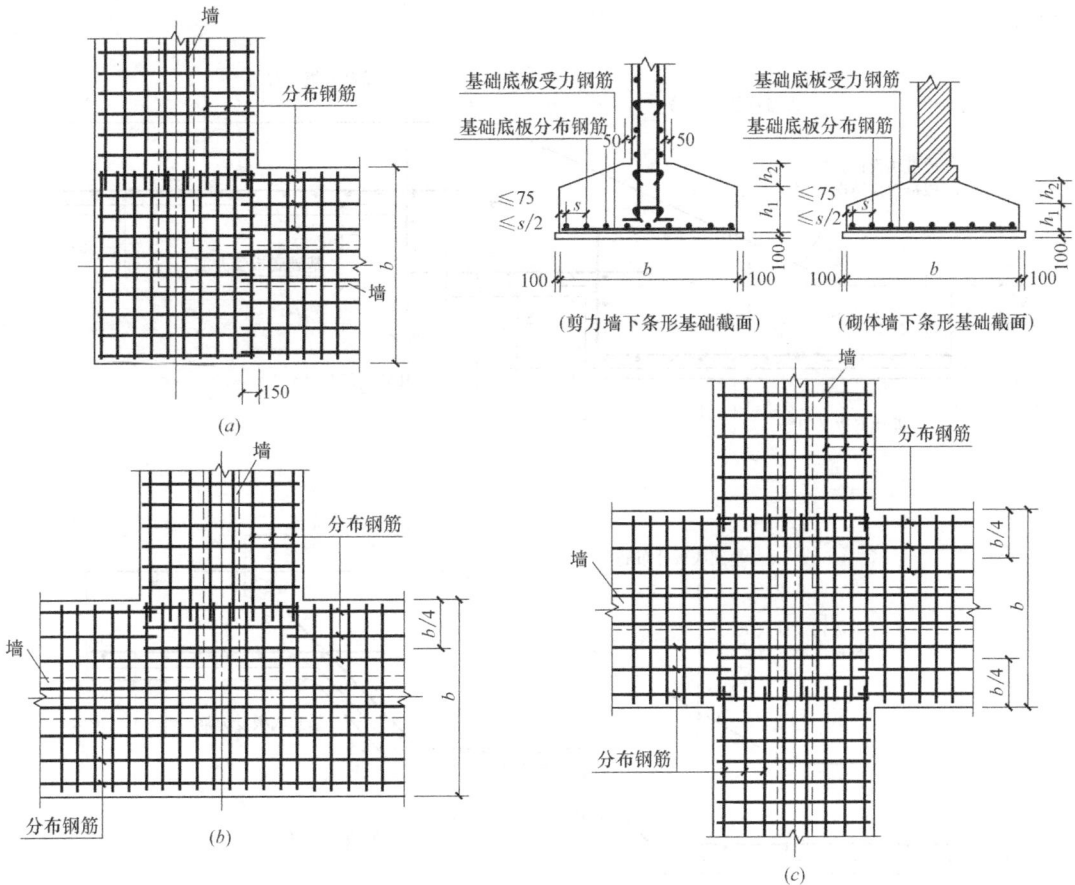

图 2-24　条形基础底板配筋构造

（a）转角处墙基础底板；（b）丁字交接基础底板；（c）十字交接基础底板

注：在两向受力钢筋交接处的网状部位，分布钢筋与同向受力钢筋的构造搭接长度为 150mm。

61

图 2-25 墙下钢筋混凝土基础底板钢筋

（5）墙下条形基础底板板底不平时的处理方法参见 16G101-3 的相关规定，如图 2-26 所示。

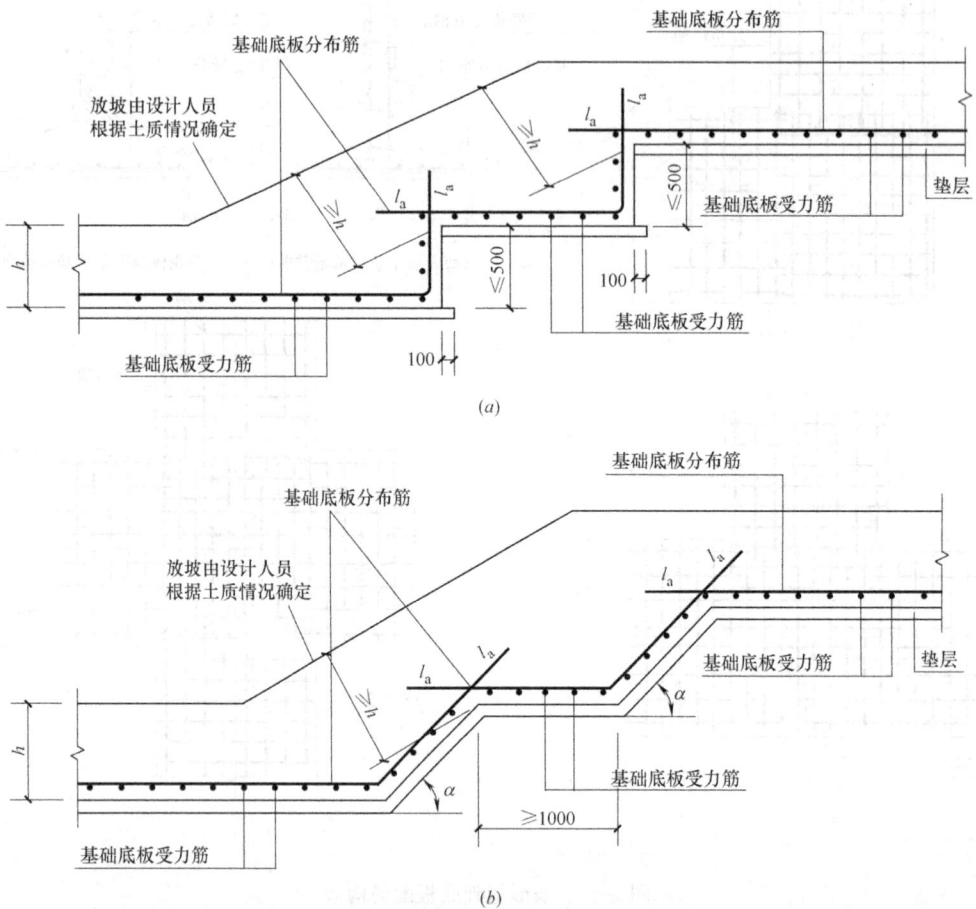

(a)

(b)

图 2-26 墙下条形基础底板不平时的钢筋构造
注：板底高差坡度 α 取 45°或按设计要求确定。

（6）墙下条形基础底板受力钢筋的排布构造

1）十字交叉条形基础底板钢筋排布构造如图 2-27 所示。

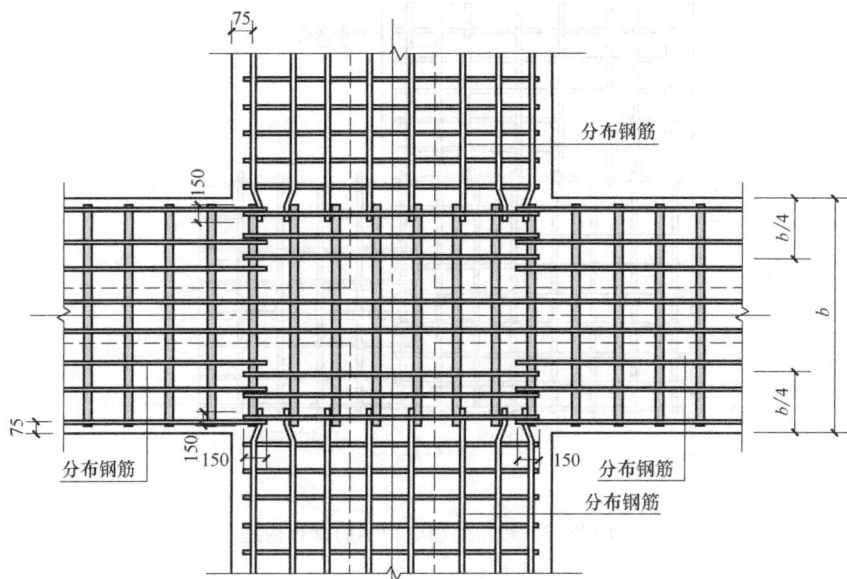

图 2-27　十字交叉条形基础底板钢筋排布构造

2）丁字交叉条形基础底板钢筋排布构造如图 2-28 所示。

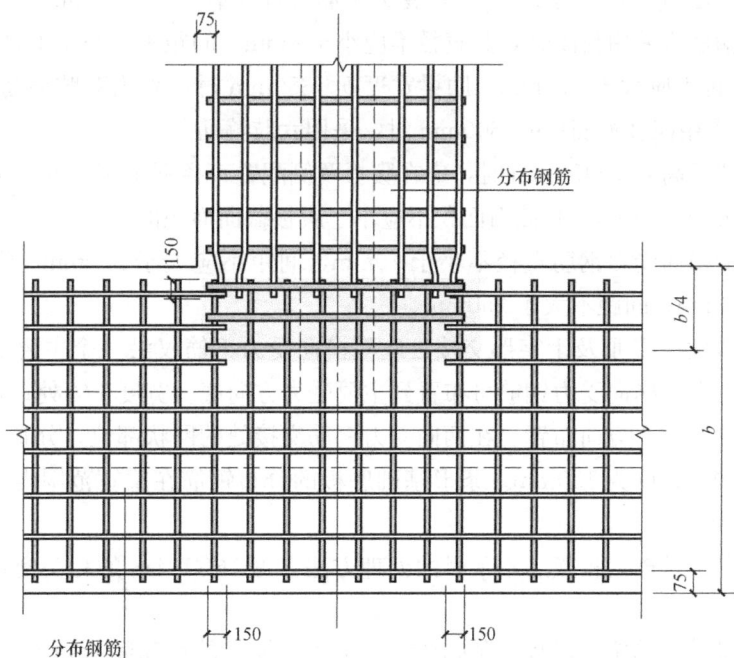

图 2-28　丁字交叉条形基础底板钢筋排布构造

3）转角外墙底板钢筋排布构造如图 2-29 所示。当条形基础设有基础梁时，基础底板的分布钢筋在梁宽范围内不设置。

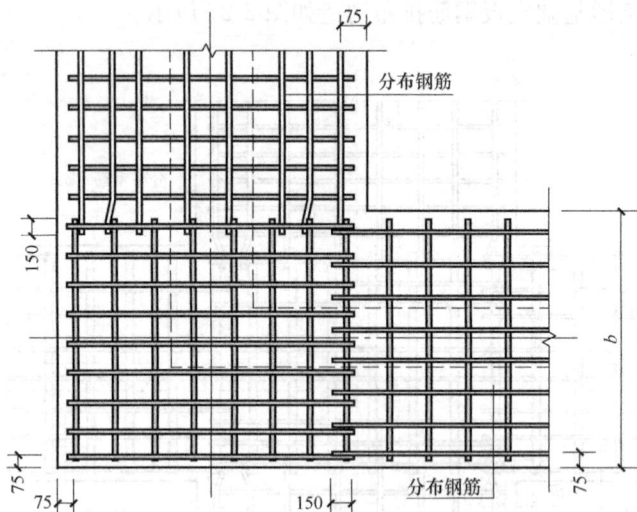

图 2-29 转角外墙底板钢筋排布构造

2.2.2 柱下条形基础

（1）柱下条形基础顶面受力钢筋按计算配筋全部贯通，底面钢筋中的通长钢筋不应小于底面受力钢筋截面总面积的 1/3。纵向受力钢筋的直径不应小于 12mm。

（2）肋梁箍筋应采用封闭式，其直径不应小于 8mm，间距不应小于 15d（d 为纵向受力钢筋直径），也不应大于 500mm。肋梁宽度 b≤350mm 时，采用双肢箍筋；350mm<b≤800mm 时，采用四肢箍筋；b>800mm 时，采用六肢箍筋。

（3）当肋梁板高 h_w≥450mm 时，应在腹板两侧配置直径不小于 12mm 的纵向构造钢筋，间距不宜大于 200mm，其截面面积不应小于腹板截面面积的 0.1%。

（4）翼板的横向受力钢筋直径不小于 10mm，间距不应大于 200mm。纵向分布钢筋的直径为 8～10mm，间距不大于 250mm。

（5）条形基础在 T 形及十字形交接处底板横向受力钢筋仅沿一个主要受力方向通长布置，另一个方向的横向受力钢筋可布置到主要受力方向底板宽度 1/4 处；在拐角处底板横向受力钢筋应沿两个方向布置。在两向受力钢筋交接处的网状部位，分布钢筋与同向受力钢筋的搭接构造长度为 150mm。条形基础底板的分布钢筋在梁宽范围内不设置，如图 2-30、图 2-31 所示。

（6）柱下条形基础底板板底不平时的处理方法参见 16G101-3 的相关规定，如图 2-32 所示。

（7）条形基础钢筋施工流程：基础放线（按图纸要求的钢筋间距划点、弹线）→核对钢筋型号、摆筋→条形基础钢筋绑扎→地梁钢筋绑扎→框架柱插筋→校正柱插筋位置并固定→交接验收。

（8）条形基础钢筋绑扎的技术要求：

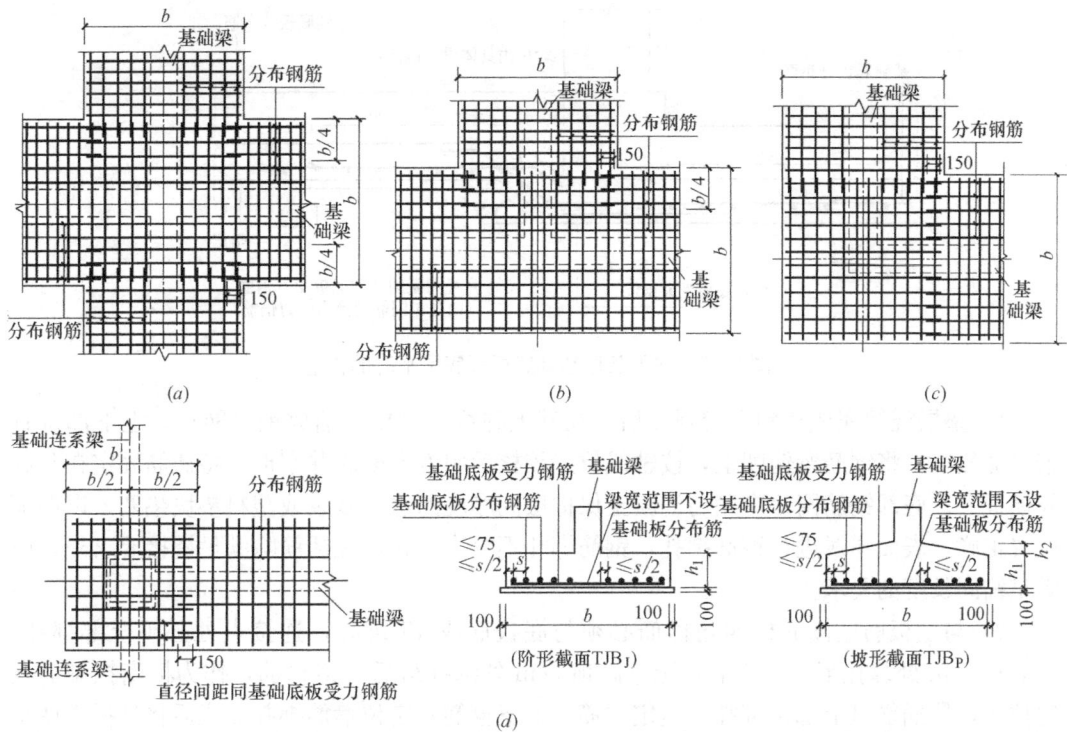

图 2-30　条形基础底板配筋构造

（a）十字交接基础底板，也可用于转角梁板端部均有纵向延伸；（b）丁字交接基础底板；

（c）转角梁板端部无纵向延伸；（d）条形基础无交接底板端部构造；

注：1. 条形基础底板的分布钢筋在梁宽范围内不设置。

2. 在两向受力钢筋交接外的网状部位，分布钢筋与同向受力钢筋的搭接长度为150mm。

图 2-31　条形基础底板配筋

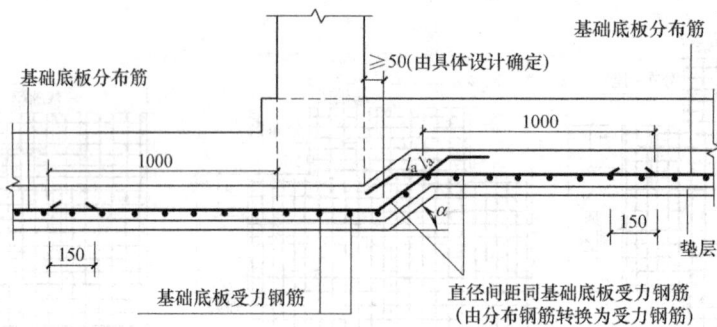

图 2-32　柱下条形基础底板板底不平时的构造

1）垫层浇灌完成达到一定强度后，在其上弹线、支模、铺放钢筋网片。上下部垂直钢筋绑扎牢，将钢筋弯钩朝上，按轴线位置校核后用方木架成井字形，将插筋固定在基础外模板上；底部钢筋网片应用与混凝土保护层同厚度的水泥砂浆或塑料垫块垫塞，以保证位置正确，表面弹线进行钢筋绑扎，钢筋绑扎不允许漏扣，柱插筋除满足搭接要求外，应满足锚固长度的要求。

2）与底板筋连接的柱四角插筋必须与底板筋成 45°绑扎，连接点处必须全部绑扎，距底板 5cm 处绑扎第一个箍筋，距基础顶 5cm 处绑扎最后一道箍筋，作为标高控制筋及定位筋，柱插筋最上部再绑扎一道定位筋，上下箍筋及定位箍筋绑扎完成后将柱插筋调整到位并用井字木架临时固定，然后绑扎剩余箍筋，保证柱插筋不变形走样，两道定位筋在打柱混凝土前必须进行更换。钢筋混凝土条形基础，在 T 字形与十字形交接处的钢筋沿一个主要受力方向通长放置。

3）混凝土条形基础交接和拐角处配筋钢筋交叉点必须逐点绑扎牢。箍筋与受力钢筋垂直设置，弯钩叠合处应沿受力方向错开设置。钢筋绑扎牢固无松动，钢筋绑扎缺扣、松扣的数量不得超出规范要求，钢筋弯钩朝向应正确，搭接长度不得小于设计规定值。为防止钢筋位移，可采用固定卡儿固定或逐点绑扎。在绑扎好的钢筋区通过时，应搭设跳板。

4）装钢筋时的允许偏差不得大于规范规定，应对钢筋进行验收，并做好隐蔽工程记录。

（9）条形基础钢筋绑扎要注意的问题：

1）条形基础的底板钢筋间距是否符合图纸要求，绑扎底板钢筋前是否弹出间距线。如果没有弹间距线的话很难控制好板钢筋的间距。板钢筋的绑扎间距要均匀，横平竖直。钢筋交叉点一定要全部绑扎。

2）条形基础的梁弹线定位是否准确无误，梁主筋的锚固是否符合要求，梁构造筋（特别是抗扭钢筋）的锚固长度是否符合要求。梁底板有无漏绑，有无按规定放好垫块，垫块有没有固定好。梁箍筋加密区有没有按设计要求的间距去绑扎，梁支座筋的伸出长度是否足够。梁主筋搭接范围内箍筋是否按规范要求的间距去绑扎，主次梁交接处主梁是否按设计要求在接口两侧各加三道间距 5cm 的箍筋。梁钢筋连接位置是否正确，基础梁钢筋连接的位置与主体结构是有区别的。

3）条形基础的柱插筋位置是否正确，柱插筋的甩出长度是否足够，接头的错开长度是否符合规范要求，柱插筋的锚固长度是否符合设计要求，柱插筋有无做好定位加固措施，柱插筋的截面尺寸是否符合设计要求，柱插筋的直径、数量和位置是否准确。

2.3 筏形基础施工

2.3.1 筏形基础施工要点

（1）板基础的钢筋间距不应小于 150mm，宜为 200～300mm，受力钢筋直径不宜小于 12mm。采用双向钢筋网片配置在板的顶面和底面 $h \geqslant 1000mm$ 时，端部宜设置直径为 12～20mm 的钢筋网，间距为 250～300mm；当 $500mm < h < 1000mm$ 时宜将上部与下部钢筋端部弯折 $20d$；当 $h \leqslant 500mm$ 时，顶底部钢筋端部可弯折 $12d$。

（2）沿板厚方向间距不超过 1m 设置与板面平行的构造钢筋网片，其直径不宜小于 12mm，纵横方向的间距不宜大于 300mm。

（3）基墙柱的纵向钢筋要贯通基础梁而插入筏板底部（或中间钢筋网的位置），并且应从梁上皮起满足锚固长度的要求。两向基础主梁相交的柱下区域，应有一向截面较高的基础主梁箍筋贯通设置；当两向基础主梁高度相同时，任选一向基础主梁的箍筋贯通设置。当底部贯通纵筋经原位修正注写后，两种不同配置的底部贯通纵筋应在两毗邻跨中配置较小一跨的跨中连接区域连接（即配置较大的底部贯通纵筋需越过其跨数终点或起点伸至毗邻跨的跨中连接区域）。

2.3.2 钢筋施工流程

放线并预检→成型钢筋进场→排钢筋→焊接或机械连接接头→绑扎→墙柱插筋定位→交接验收。

2.3.3 钢筋操作工艺

1. 绑扎底板下层网片钢筋

（1）根据在防水保护层弹好的钢筋位置线，先铺下层网片的长向或短向（按设计要求而定）钢筋，钢筋接头尽量采用焊接或机械连接。焊接接头采用搭接焊时要注意焊接的搭接长度，当搭接焊为热轧钢筋时，单面焊不小于 $10d$，双面焊不小于 $5d$。焊缝是否均匀饱满，焊缝的有效厚度不应小于主筋直径 d 的 30%，焊缝的有效宽度不应小于主筋直径的 80%，焊接接头应表面平整、光滑，无凹陷、焊瘤、气孔、咬边、夹渣等质量缺陷。钢筋套筒连接时，外留丝扣不能超过 2 个，钢筋切口应平齐。

（2）由于底板钢筋施工要求较复杂，一定要注意钢筋接头按要求错开的问题（图 2-33）。在同一连接区段范围内，纵向受力钢筋接头面积百分率在受拉区最多不得大于 50%。

（3）绑扎加强筋：依次绑扎局部加强筋。

2. 绑扎地梁钢筋

绑扎地梁钢筋如图 2-34 所示。

图 2-33　筏形基础底板钢筋接头错开

图 2-34　绑扎地梁钢筋

（1）在放平的梁下层水平主钢筋上，用粉笔画出箍筋间距。箍筋与主筋要垂直，箍筋

图 2-35　梁箍筋接头交错布置

转角与主筋交点均要绑扎。箍筋的接头，即弯钩叠合处沿梁水平筋交错布置绑扎（图 2-35）。注意箍筋平直部分的长度不小于 10d 且不小于 75mm，箍筋弯钩的角度应为两边 135°。梁的起点箍筋应距离支座 5cm 开始绑扎，箍筋的加密范围要符合图纸和规范要求。梁筋的接头位置，梁面筋在梁支座或支座两侧的 1/3 跨度范围内，梁底筋在梁中间跨度范围内。在同一连接区段范围内，纵向受力钢筋接头面积百分率在受拉区最多不大于规范要求。如果是机械连接或焊接接头，纵向受力钢筋接头面积百分率在受拉区不大于 50%。当梁钢筋多于一排时，两排主筋之间可用不小于 φ25 的钢筋头隔开，间距不大于 2m。在梁绑扎完后在沉梁前要请监理检查验收无误后方可沉梁，避免造成返工的麻烦。同时也要检查一下所有梁的数量和相互间的位置是否正确。

（2）地梁在槽上预先绑扎好后，根据已划好的梁位置线用塔吊直接吊装到位，与底板钢筋绑扎牢固。在塔吊吊钢筋时，一定要注意安全，严禁单股钢丝绳吊运。

3. 绑扎底板上层网片钢筋

（1）铺设上层铁马凳：马凳用剩余短料焊制成，马凳短向放置，间距按方案要求设置（图2-36）。如果因为场地狭窄上层钢筋上必须堆放材料，那么马凳就要经过特别的设计计算，并且严格按方案来布置，避免出现坍塌等安全事故。马凳的形状建议设计成"人字形"以增加稳定性。马凳必须放置在板底筋上面。

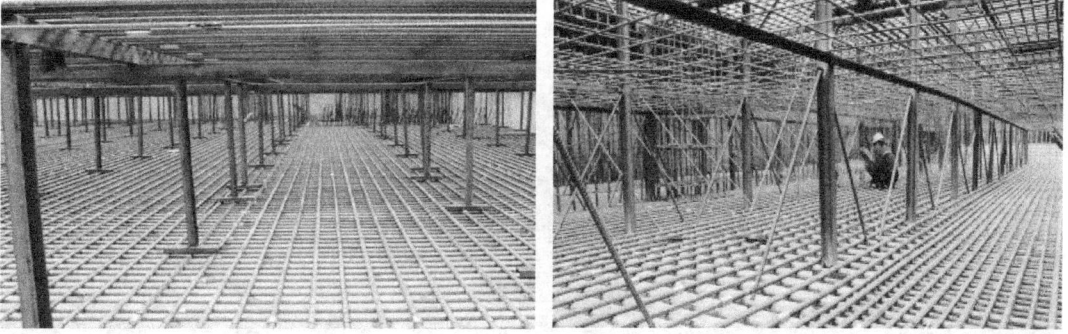

图 2-36　筏板钢筋马凳设置

（2）绑扎上层网片下铁：先在马凳上绑架立筋，在架立筋上划好钢筋位置线，按图纸要求，顺序放置上层网的下铁，钢筋接头尽量采用焊接或机械连接，要求接头在同一截面相互错开50%，同一根钢筋尽量减少接头。每根钢筋在搭接长度内必须采用三点绑扎，用双丝绑扎搭接钢筋两端30mm处，中间再绑扎一道。

（3）绑扎上层网片上铁：根据在上层下铁上划好的钢筋位置线，顺序放置上层钢筋，钢筋接头尽量采用焊接或机械连接，要求接头在同一截面相互错开50%，同一根钢筋尽量减少接头。同一纵向受力钢筋不宜设置两个或两个以上接头（图2-37）。

图 2-37　上层钢筋绑扎

（4）绑扎暗柱和墙体插筋：根据放好的柱和墙体位置线，将暗柱和墙体插筋绑扎就位，并和底板钢筋点焊固定，要求接头均错开50%，根据设计要求执行，设计无要求时，甩出底板面的长度≥45d，暗柱绑扎两道箍筋，墙体绑扎一道水平筋。接头不宜设置在有抗震设防要求的柱端或梁端箍筋加密区。绑扎前要复核柱或墙插筋定位的位置是否与设计图纸相符，对于所有插筋的数量一定要检查和复核。同时也要留意插筋主筋的数量、截面尺寸、规格、品种，避免出现漏筋、错筋、截面尺寸等错误。柱筋绑扎完后要校正垂直度并且要用定位筋固定好以免移位。浇筑过程中要避免触碰插筋，浇筑完后要及时复核校准（图 2-38）。

图 2-38　筏板基础插筋

（5）垫保护层：保护层垫块间距为 600mm，呈梅花形布置。

（6）成品保护：绑扎钢筋时钢筋不能直接接触到外墙砖模上，并注意保护防水层，钢筋绑扎前，导墙内侧防水层必须甩浆做保护层，导墙上部的防水浮铺油毡加盖砖保护，以免防水卷材在钢筋施工时被破坏。

2.4　桩基承台施工

2.4.1　桩承台施工要点

矩形承台钢筋应按双向均匀通长布置，钢筋直径不宜小于 10mm，间距不宜大于 200mm，三桩承台钢筋应按三角板带均匀布置，且最里面的 3 根钢筋围成的三角形应在柱截面范围内。承台梁的主筋不宜小于 12mm，架立筋不宜小于 10mm，箍筋直径不宜小于 6mm，如图 2-39～图 2-41 所示。

2.4.2　承台、地梁钢筋施工工艺流程

弹钢筋位置线→绑扎承台下铁钢筋→绑扎地梁钢筋→绑扎承台上铁钢筋（如没有可跳过）→插入墙体、柱钢筋。

（1）弹钢筋位置线：按图纸注明的钢筋间距，弹出承台钢筋位置线，并用墨斗弹上墨线（图 2-42）。绑扎前要复核钢筋位置线与图纸是否相符，特别是柱插筋的位置和截面的尺寸大小以及和轴线的相互关系一定要注意。同时也要留意桩是否有偏位，如果偏位比较大超出规范允许偏差，就要联系甲方通知设计出方案来处理。一般要加大桩承台的尺寸或加大基础梁截面的尺寸。

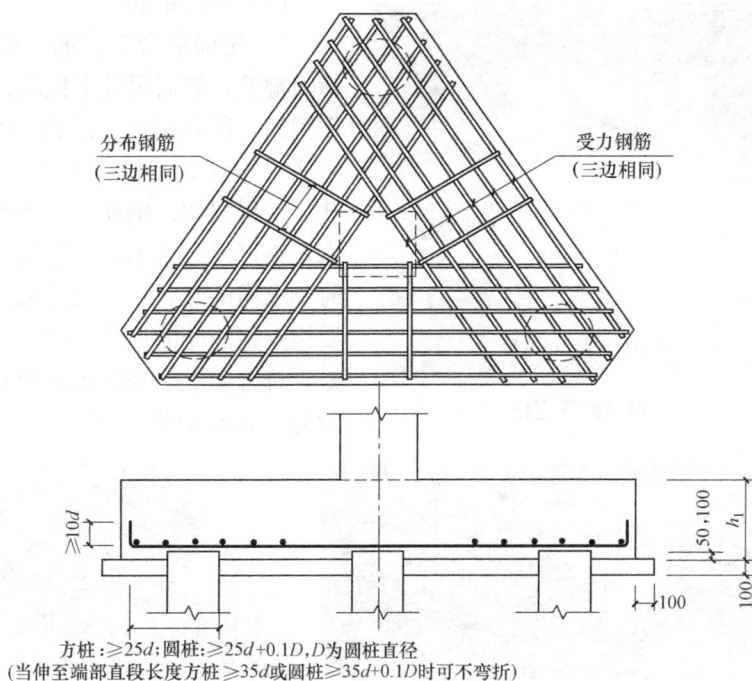

分布钢筋
(三边相同)

受力钢筋
(三边相同)

方桩:≥25d;圆桩:≥25d+0.1D,D为圆桩直径
(当伸至端部直段长度方桩≥35d或圆桩≥35d+0.1D时可不弯折)

图 2-39　三桩承台配筋构造

注：当桩直径或桩截面边长<800mm 时，桩顶嵌入承台 50mm；
　　当桩径或桩截面边长≥800mm 时，桩顶嵌入承台 100mm。

图 2-40　三桩承台配筋实例

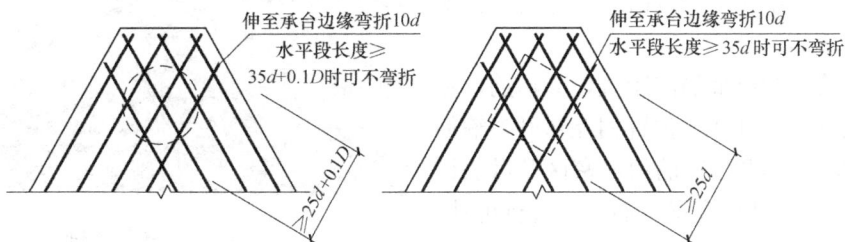

伸至承台边缘弯折10d
水平段长度≥
35d+0.1D时可不弯折

伸至承台边缘弯折10d
水平段长度≥35d时可不弯折

图 2-41　三桩承台受力钢筋端部构造

图 2-42　钢筋弹线定位

（2）承台钢筋

1）先铺承台下铁筋。承台先放下铁封闭箍筋，然后再放下铁南、北向的下纵筋钢筋，所有交叉点都要绑扎牢固，保证钢筋不位移。下铁钢筋绑扎时要全数绑扎，不得漏扣。钢筋的间距要符合设计要求，不可以大小不均。建议弹线绑扎，同时要求横平竖直。如果是承台钢筋笼，就要检查钢筋笼的尺寸、钢筋直径、数量等是否符合要求。基础承台钢筋的保护层一般为 40mm（图 2-43）

图 2-43　承台钢筋绑扎

2）承台底筋绑扎完后，放混凝土垫块，垫块厚度一般为 40mm，间距按方案要求，呈梅花形放置。垫块要达到一定的强度，不能损坏或者开裂破碎。要求间距均匀，放置整齐，符合方案要求。

3）绑扎完下铁和地梁钢筋后即安放撑筋，可采用废钢筋头做成。撑筋直径和间距按施工方案要求确定。

4）撑筋放完后进行上筋的绑扎，绑扎上铁钢筋的方法同下铁筋，钢筋交叉点均绑扎。

（3）基础梁

1）绑扎完承台下铁筋后绑扎地梁钢筋，先穿梁上筋，梁伸入承台锚固符合设计要求长度（图 2-44）。

在上筋上画出箍筋间距线，套箍筋，箍筋开口在下部，且开口位置相互错开，箍筋套好后按间距排开，箍筋的加密区及做法详见 G101 图集。然后穿梁下筋，并进行绑扎。梁箍筋与梁主筋要求相互垂直，主次梁交接

图 2-44　基础梁钢筋

处要按图纸要求绑扎吊筋或箍筋。梁侧开孔处要按照设计要求设置加强筋。梁支座筋的伸出

72

长度要符合设计要求，同时也要注意梁的标高与±0.000是否有冲突，主次梁间的相互位置是否准确，梁的数量是否正确，梁安装的位置与轴线是否符合。梁筋有没有漏、错现象。

2）箍筋与梁筋交叉处均要绑扎，并采用八字扣绑扎，即绑扣为一顺一逆，不得有漏扣、松扣等现象。

3）梁钢筋定位措施

① 保护层厚度40mm，下面垫混凝土垫块，箍筋按线调整绑扎到位。

② 在地梁的上口设立受力钢筋的定位撑，在每道梁支座附近和跨中设立，使受力钢筋的间距均匀、合理，保护层厚度符合设计要求。

4）基础梁两端连续时，钢筋一律贯通。

（4）将承台下部垫层处弹好的内外墙、柱节点位置线，引至承台上皮钢筋上，用红油漆标示好，承台钢筋上弹柱钢筋位置控制线，根据弹好的控制线将墙、柱伸入承台的插筋绑扎牢固，并插至下层钢筋上进行固定绑扎。先插柱筋再插墙体筋，墙体筋第1根水平筋距承台上表面50mm，距承台上皮500mm高部位和根部用水平梯子筋固定，保证甩筋垂直，不斜插和移位。要注意插筋的位置、数量、直径、截面尺寸、甩出长度、接头错开位置是否符合要求（图2-45）。

图2-45 柱插筋位置标记及承台柱插筋绑扎

2.5 基础钢筋施工须知

2.5.1 基础钢筋绑扎的一般规定

（1）钢筋交叉点应采用20～22号钢丝绑扣，20号钢丝绑扎 ϕ12以上钢筋，22号钢丝绑扎直径 ϕ10以下钢筋。绑扎不仅要牢固可靠，而且钢丝长度要适宜。

（2）板和墙的钢筋网，除靠近外围两行钢筋的交叉点全部扎牢外，中间部分交叉点可间隔交错绑扎，但必须保证受力钢筋不产生位置偏移。对双向受力钢筋，必须全部绑扎牢固（图2-46）。

（3）梁和柱的箍筋，除设计有特殊要求外，应与受力钢筋垂直设置，箍筋弯钩叠合，沿受力钢筋方向错开设置（图2-47）。

图 2-46 板钢筋绑扎

图 2-47 梁箍筋绑扎

（4）在柱中竖向钢筋搭接时，角部钢筋的弯钩平面与模板面夹角，对矩形柱应为45°角，对多边形柱应为模板内角的平分角；对圆形柱钢筋的弯钩平面应与模板的切线平面垂直，中间钢筋的弯钩平面应与模板面垂直。当采用插入式振动器浇筑小型截面柱时，弯钩平面与模板面的夹角不得小于15°（图2-48）。

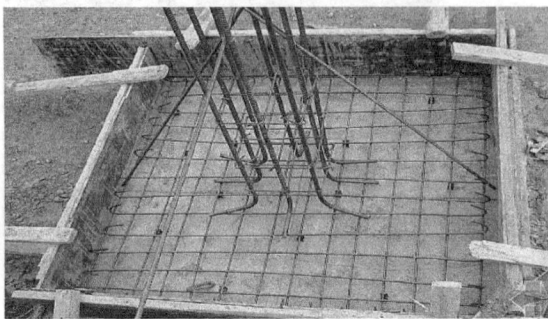
图 2-48 柱插筋放置实例

（5）板、次梁与主梁交接处，板的钢筋在上，次梁钢筋居中，主梁钢筋在下（图2-49）。

图 2-49 主次梁钢筋绑扎

74

（6）摆放底板混凝土保护层用砂浆垫块，垫块厚度等于保护层厚度，按每 1m 左右距离呈梅花形摆放。如底板较厚或用钢筋较大，摆放距离可缩小（图 2-50）。

（7）机械接头或焊接接头现场取样后，采用绑条搭接焊补强，焊接宜采用双面焊，焊缝长度满足 $5d$（图 2-51）。

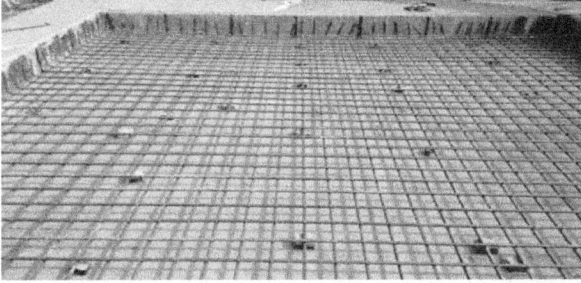

双面焊

钢筋规格	焊缝长度
II18	90mm
II20	100mm
II22	110mm
II25	125mm

图 2-50　保护层垫块放置　　　　　　图 2-51　接头取样后焊接示意图

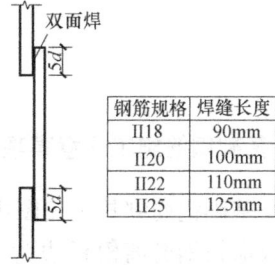

（8）不同的部位和不同的钢筋外形，采用不同的绑扎方法和扎丝规格、长度，以保证钢筋的绑扎质量。

1）梁筋绑扎主要采用套扣、反十字花扣、兜扣加缠的形式。

① 套扣主要用于梁架立筋与箍筋的绑扎（图 2-52）。

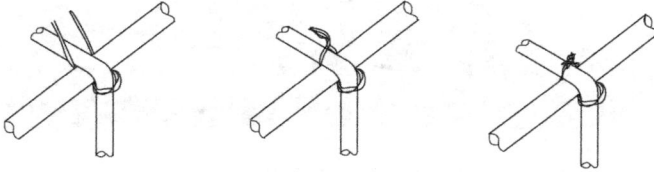

图 2-52　套扣

② 反十字花扣、兜扣加缠主要用于梁主筋与箍筋的绑扎（图 2-53、图 2-54）。

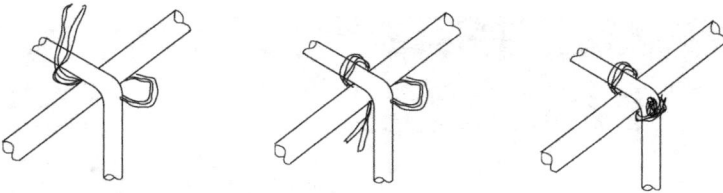

图 2-53　反十字花扣

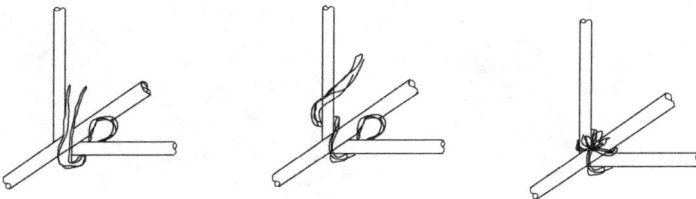

图 2-54　兜扣加缠

2）板筋绑扎主要采用顺扣或八字扣，顺扣绑扎方法如图 2-55 所示。

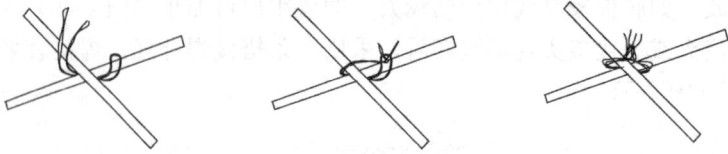

图 2-55　顺扣

2.5.2　基础钢筋施工注意事项

（1）基础钢筋绑扎，按图纸标明的钢筋间距，算出底板实际需用的钢筋，一般让靠近底板模板那根钢筋离模板边为 50mm，在底板上弹出钢筋位置线（包括基础梁钢筋位置线）和墙柱插筋位置线（图 2-56）。

图 2-56　梁柱钢筋位置弹线

（2）先铺底板下层钢筋，根据设计要求，决定下层钢筋哪个钢筋方向在下面。在铺底板下层钢筋前，先铺集水坑，设备基础的下层钢筋（图 2-57）。

图 2-57　设备基础钢筋绑扎

（3）绑扎完下层钢筋后，搭设钢管支撑架，立杆间距和水平杆按施工方案要求，各道梁的支撑架之间每间隔一定距离必须按施工方案设置一道剪刀撑，摆放钢筋马凳。当底板厚度超过 500mm 时，宜制作人字形马凳且必须要有计算书（图 2-58、图 2-59）。

图 2-58　梁钢筋支撑架搭设　　　　　图 2-59　梁支撑架设置剪刀撑

（4）底板混凝土浇筑时，在距柱边线 300mm 处、2000mm 处要预留 $\phi22$ 短钢筋，间距 1000mm 作为墙、柱支模加固用地锚。插筋外露 200mm 高，锚入混凝土深 200mm。地锚亦可按方案设置。

（5）生根定位：基础底板绑完后，沿边线先绑 2 根水平通长筋，使钢筋内侧为墙外皮，沿两根通筋内侧插入墙筋，并按间距绑牢在这两根钢筋上，墙位即确定。

（6）为保证柱钢筋保护层厚度及钢筋正确位置，在柱顶位置柱筋内侧设一道定柱框，定柱框用 $\phi12$ 钢筋制作（图 2-60）。柱根部设置顶模钢筋（图 2-61），塑料定型垫块每 0.6m 留置一块。

图 2-60　柱筋定柱框

（7）梁板钢筋如有弯钩时，原则是上层钢筋弯钩朝下，下层钢筋弯钩朝上。当梁上铁在墙内锚固向下无法满足长度时，允许向上弯折锚固。

图 2-61　柱顶模钢筋

（8）为保证竖向墙体筋的间距和排距及墙筋保护层厚度准确，在每层墙体的上口设置一道水平梯子筋，水平梯子筋位于墙顶接槎处，待墙体混凝土浇筑有一定强度后，拆下后可重复使用。根据墙身厚度设置用 φ14 钢筋焊成"梯子筋"作为钢筋网限位（图 2-62、图 2-63）。

图 2-62　水平梯子筋

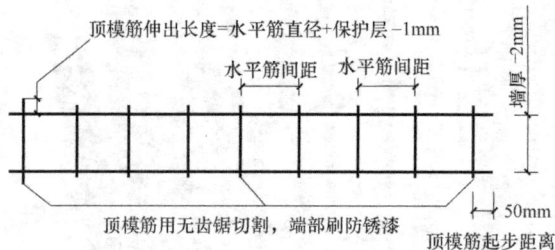

图 2-63　水平梯子筋细部要求

（9）为确保墙体水平钢筋的上下尺寸，固定墙体水平筋的横向间距，并顶住模板，在绑扎墙筋时设置竖向梯子筋。竖向梯子筋采用比墙体大一个规格的钢筋焊接而成，代替原墙筋并与其他墙筋绑扎到一起，一同浇筑混凝土。竖向梯子筋接头同原墙体竖筋一样按要求错开。沿墙高在竖向梯子筋上设三道顶模棍，长度等于墙厚减 2mm（每端减 1mm），顶模两端刷防锈漆（每端长度为保护层厚度）梯子钢筋按 2m 间距设置，每个柱（暗柱）之间不少于 2 个（图 2-64、图 2-65）。

图 2-64 竖向梯子筋

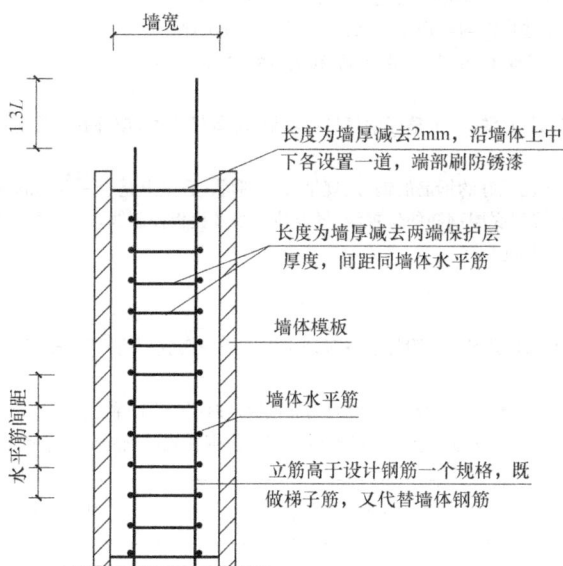

图 2-65 竖向梯子筋细部要求

（10）大梁绑扎时经常出现少主筋、弯钩、箍筋问题，工长要在绑扎开始就和班组长交代好主筋根数。

（11）钢筋施工前要做好技术交底和钢筋安装样板，把钢筋施工的要求和要点跟班组说清楚以及给工人一个直观的感受，减少施工过程中的出错，使施工能顺利进行。技术交底要有针对性和可操作性，特别对本工程的难点要点要着重交底（图 2-66、图 2-67）。

图 2-66　工法样板

工程名称		分项工程	钢筋工程
交底提要：基础筏板钢筋绑扎			

　一、施工准备

　1. 材料准备：

　(1)成型钢筋必须符合施工图纸的规格、形状、尺寸、数量的要求。

　(2)20～22 号火烧丝，切断长度不应过短或过长，满足使用要求即可。

　(3)同强度等级水泥砂浆垫块提前制作完毕，底板保护层 50mm 厚。

　2. 机具准备：钢筋钩、钢筋扳子、小撬棍、钢丝刷、粉笔、钢卷尺、绑丝等。

　3. 作业条件：

　(1)按施工平面图规定的位置清理、平整好钢筋堆放场地，准备好垫木，按绑扎顺序分类堆放钢筋，如有锈蚀需预先进行除锈处理。

　(2)核对图纸、配料单、与已配好的钢筋的钢号、规格尺寸、形状、数量上是否一致，如有问题及时解决。

　(3)基层清理干净，并已弹好底层钢筋的位置线、插筋位置线并模板控制线，并经过监理验收合格。

　(4)熟悉图纸研究好钢筋绑扎顺序。

　二、施工工艺

　1. 工艺流程

　划钢筋位置线→绑扎底板下层钢筋及附加筋→预埋水电管线→摆放钢筋马凳→绑扎底板上层钢筋及附加筋→插墙基钢筋。

　2. 按图纸标明的钢筋间距，算出底板实际需用的钢筋根数，在保护层上弹出钢筋位置线。

　3. 钢筋采用塔吊从钢筋加工厂运到基坑内，吊运时一定要按绑扎先后顺序分类吊运。

技术负责人		交底人		接受人	

图 2-67　钢筋工程技术交底

　(12) 用皮数杆控制柱箍筋位置和间距，并作为绑扎固定检查验收的依据（图 2-68）。

　(13) 钢筋绑扎时绑扎结向里，将尾丝压向内侧，墙体、柱一律采用八字扣，暗柱四角钢筋用兜扣。水平挂线，竖向吊线，控制垂直度（图 2-69）。

　(14) 钢筋翻样要考虑水电、设备等预留洞的位置，尽量不切断钢筋，电盒焊在附加的钢筋上，安装牢固，不得焊在主筋上，且附加钢筋不得焊在受力筋上，而应绑扎在主筋上（图 2-70）。

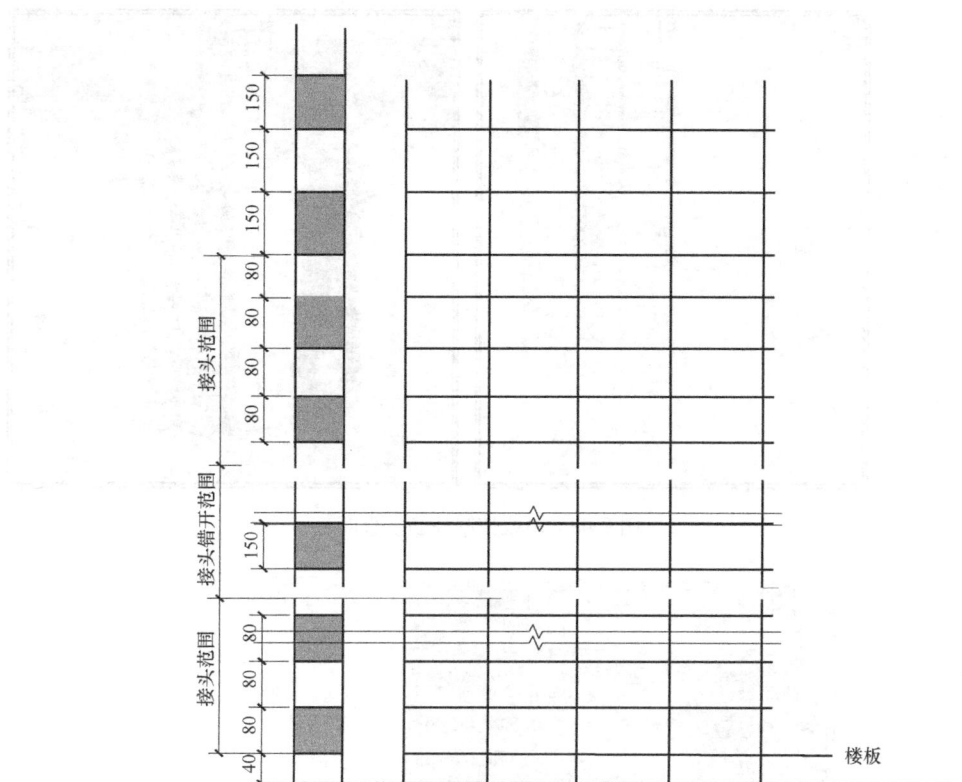

图 2-68 柱箍筋绑扎用皮数杆控制的实例和示意图

图 2-69　吊线控制柱筋垂直度

图 2-70　水电盒框安装做法

（15）钢筋的七种不准绑扎情形：

1）混凝土接槎未清到露出石子，不准绑扎钢筋。

2）钢筋污染未清净，不准绑扎钢筋。

3）放线工未弹线，不准绑扎钢筋。

4）未检查钢筋定位情况，不准绑扎钢筋。

5）偏位钢筋未按 1：6 进行矫正，不准绑扎钢筋。

6）未检查钢筋接头错开长度或接头位置不符合要求，不准绑扎钢筋。

7）未检查钢筋接头质量合格前，不准绑扎钢筋。

（16）柱基、柱顶、梁柱节点等部位，箍筋间距应按设计要求加密。

（17）梁柱节点核心区钢筋：

1）梁柱节点核心区钢筋由于梁柱钢筋穿插，钢筋较密，绑扎较困难，钢筋施工时应作为重点部位，高度重视，梁柱节点内柱子和梁受力钢筋均须绑扎到位，柱子箍筋的数量和间距须满足设计要求，并与主筋绑扎牢固。

2）对于钢筋较密的梁柱节点，为保证核心区的钢筋绑扎到位，施工顺序如下：柱钢筋绑扎→支梁底模→核心区柱箍筋绑扎穿梁主筋→穿梁主筋→绑扎梁钢筋→支梁侧模。

（18）在暗柱部位，不得采用墙体水平筋伸入暗柱内仅为 L_a（或 L_{aE}）的做法，除满足锚固长度外，墙体水平筋尚必须伸过暗柱边缘，再弯折 $15d$。

（19）套管穿墙或梁和墙体开洞处，应按设计要求设置加强筋。

2.5.3 钢筋绑扎过程容易出现的问题

（1）柱主筋偏位，间距不均匀（图 2-71）。

（2）直螺纹接头外漏丝头超过 2 丝；电渣压力焊接头焊包不饱满，轴线不直（图 2-72）。

（3）梁底筋漏绑、无垫块（图 2-73）。

（4）工人为绑扎方便将箍筋弯钩一端做成 90°（图 2-74）。

（5）墙柱第一个起步箍筋间距离地过高（图 2-75）。

（6）梁主筋锚固长度不够（图 2-76）。

（7）剪力墙钢筋高度不够（图 2-77）。

（8）梁侧构造纵筋锚固长度不足（图 2-78）。

（9）直螺纹套筒钢筋丝扣外露超出 2 扣（图 2-79）。

图 2-71　柱筋偏位

（10）剪力墙顶钢筋高度不一（图 2-80）。

（11）钢筋保护层数量不足或间距过大（图 2-81）。

（12）板钢筋马镫高度不足（图 2-82）。

（13）主次梁交接处箍筋起步距离过大（图 2-83）。

（14）梁两排钢筋位置过低，与第一排主筋的距离超过 25mm（图 2-84）。

图 2-72　接头不符合要求

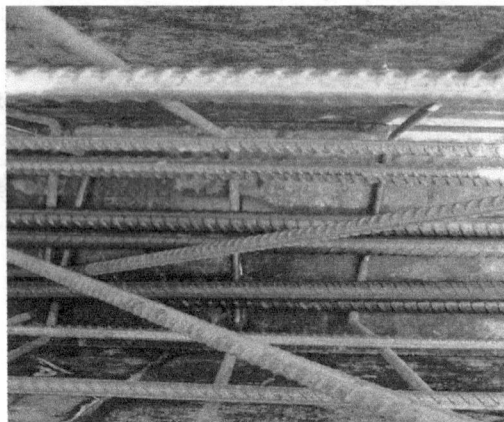

图 2-73　梁底筋无绑扎、无垫块

图 2-74　箍筋制作不符合要求

图 2-75　起步箍筋间距离地过高

图 2-76　梁主筋锚固长度不够

图 2-77　剪力墙钢筋高度不够

图 2-78　构造纵筋锚固长度不足

图 2-79 套筒钢筋丝扣外露超出 2 扣

图 2-80 剪力墙顶钢筋高度不一

图 2-81 钢筋保护层数量不足或间距过大

图 2-82 板钢筋马镫高度不足

图 2-83 主次梁交接处箍筋起步距离过大

图 2-84 梁两排钢筋位置过低

2.5.4 基础钢筋一般构造要求

1. 混凝土保护层厚度及混凝土结构的环境类别

（1）混凝土保护层最小厚度

混凝土保护层指钢筋最外边缘至混凝土表面的距离（图 2-85），除应符合表 2-1（参见 16G101-3）的规定外，构件中受力钢筋的保护层厚度不应小于钢筋的公称直径 d。

混凝土保护层的最小厚度 c （mm）　　　　　　　　表 2-1

环境类别	板、墙		梁、柱		基础梁（顶面和侧面）		独立基础、条形基础、筏形基础（顶面和侧面）	
	≤C25	≥C30	≤C25	≥C30	≤C25	≥C30	≤C25	≥C30
一	20	15	25	20	25	20	—	—
二 a	25	20	30	25	30	25	25	20
二 b	30	25	40	35	40	35	30	25
三 a	35	30	45	40	45	40	35	30
三 b	45	40	55	50	55	50	45	40

注：1. 表中混凝土保护层厚度指最外层钢筋外边缘至混凝土表面的距离，适用于设计使用年限为 50 年的混凝土结构。
2. 构件中受力钢筋的保护层厚度不应小于钢筋的公称直径 d。
3. 一类环境中，设计使用年限为 100 年的结构最外层钢筋的保护层厚度不应小于表中数值的 1.4 倍；二、三类环境中，设计使用年限为 100 年的结构应采取专门的有效措施。
4. 钢筋混凝土基础宜设置混凝土垫层，基础底部的钢筋的混凝土保护层厚度应从垫层顶出算起，且不应小于 40mm；无垫层时，不应小于 70mm。
5. 桩基承台及承台梁：承台底面钢筋的混凝土保护层厚度，当有混凝土垫层时，不应小于 50mm，无垫层时不应小于 70mm；此外尚不应小于桩头嵌入承台内的长度。

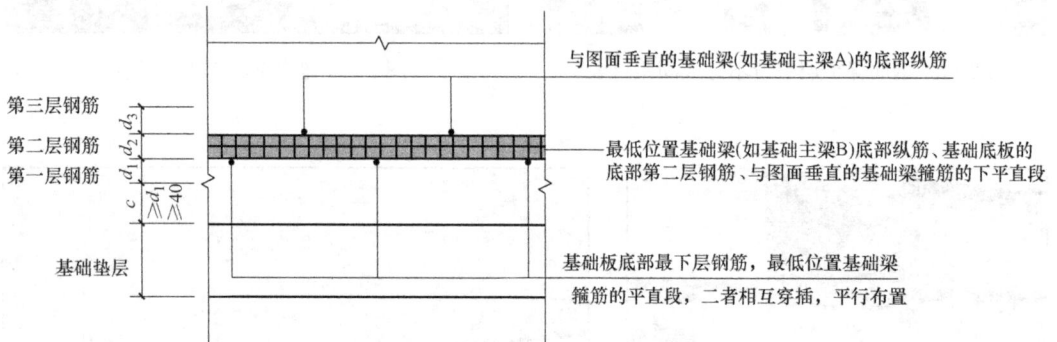

图 2-85　基础底部钢筋层面布置图

（2）混凝土结构环境类别

混凝土结构环境类别见表 2-2（参见 16G101-3）。

混凝土结构的环境类别　　　　　　　　表 2-2

环境类别	条　　件
一	室内干燥环境； 无侵蚀性静水浸没环境

环境类别	条件
二 a	室内潮湿环境； 非严寒和非寒冷地区的露天环境； 非严寒和非寒冷地区与无侵蚀性的水或土壤直接接触的环境； 严寒和寒冷地区的冰冻线以下与无侵蚀性的水或土壤直接接触的环境
二 b	干湿交替环境； 水位频繁变动的环境； 严寒和寒冷地区的露天环境； 严寒和寒冷地区冰冻线以上与无侵蚀性的水或土壤直接接触的环境
三 a	严寒和寒冷地区冬季水位变动区环境； 受除冰盐影响环境； 海风环境
三 b	盐渍土环境； 受除冰盐作用环境； 海岸环境

注：1. 室内潮湿环境是指构件表面经常处于结露或潮湿状态的环境。
   2. 严寒和寒冷地区的划分应符合国家现行标准《民用建筑热工设计规范》（GB 50176—1993）的有关规定。
   3. 海岸环境和海风环境宜根据当地情况，考虑主导风向及结构所处迎风、背风部位等因素的影响，由调查研究和工程经验确定。
   4. 受除冰盐影响环境是指受到除冰盐盐雾影响的环境；受除冰盐作用环境是指被除冰盐溶液溅射的环境以及使用除冰盐地区的洗车房、停车楼等建筑。
   5. 暴露的环境是指混凝土结构表面所处的环境。

2. 钢筋的锚固与连接

（1）纵向钢筋的锚固

1）纵向受拉钢筋的基本锚固长度见表 2-3（参见 16G101-3）。

纵向受拉钢筋的基本锚固长度 l_{ab}　　　　　　　　表 2-3

钢筋种类	混凝土强度等级								
	C20	C25	C30	C35	C40	C45	C50	C55	≥C60
HPB300	$39d$	$34d$	$30d$	$28d$	$25d$	$24d$	$23d$	$22d$	$21d$
HRB335、HRBF335	$38d$	$33d$	$29d$	$27d$	$25d$	$23d$	$22d$	$21d$	$21d$
HRB400、HRBF400 RRB400	—	$40d$	$35d$	$32d$	$29d$	$28d$	$27d$	$26d$	$25d$
HRB500、HRBF500	—	$48d$	$43d$	$39d$	$36d$	$34d$	$32d$	$31d$	$30d$

注：表中 d 为锚固钢筋的直径。

2）纵向受拉钢筋的锚固长度

$$l_a = \zeta_a l_{ab}$$

式中　l_{ab}——受拉钢筋的基本锚固长度，按表 2-3 取值；

　　　ζ_a——受拉钢筋锚固长度修正系数，按表 2-4 取用（参见 12G901-3）。

3）受拉钢筋的抗震锚固长度

$$l_{aE} = \zeta_{aE} l_a$$

$$l_{abE} = \zeta_{aE} l_{ab}$$

式中　l_a——受拉钢筋的锚固长度；

ζ_{aE}——受拉钢筋抗震锚固长度修正系数，按表 2-5 取用（参见 12G901-3）。

受拉钢筋锚固长度修正系数 表 2-4

锚固条件		ζ_a	备 注
带肋钢筋的公称直径大于 25mm		1.1	
环氧树脂涂层带肋钢筋		1.25	
施工过程易受扰动的钢筋		1.1	
锚固区保护层厚度	$3d$	0.8	中间时按内插值。
	$5d$	0.7	d 为锚固钢筋的直径

受拉钢筋抗震锚固长度修正系数 ζ_{aE} 表 2-5

抗 震 等 级	ζ_{aE}
一级、二级	1.15
三级	1.05
四级	1.0

（2）纵向钢筋的弯钩锚固和机械锚固形式及构造要求如图 2-86 所示。

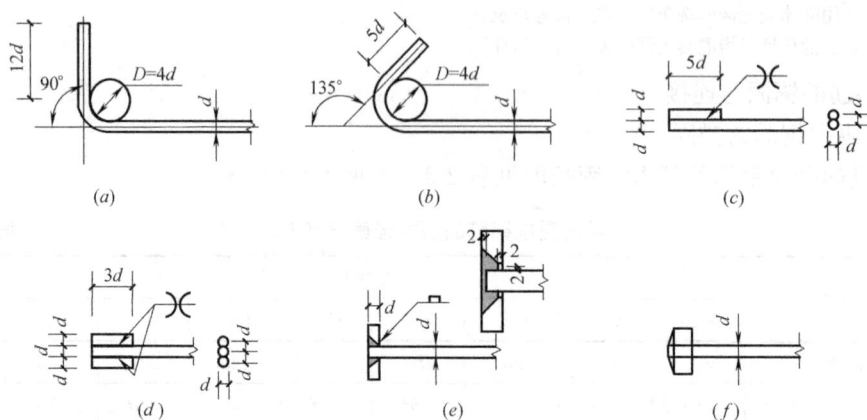

图 2-86 弯钩和机械锚固的形式和技术要求

（a）末端带 90°弯钩；（b）末端带 135°弯钩；（c）末端一侧贴焊锚筋；

（d）末端两侧贴焊锚筋；（e）末端与钢板穿孔塞焊；（f）末端带螺栓锚头

注：1. 当纵向受拉普通钢筋采用弯钩或机械锚固措施时，包括弯钩或锚固端头在内的锚固长度（投影长度）可取基本锚固长度的 60%。锚固长度范围内横向钢筋的设置应满足本图集中的相应要求。

2. 焊缝和螺纹长度应满足承载力要求；螺栓锚头的规格应符合相关标准的要求。

3. 螺栓锚头和焊接钢板的承压面积不应小于锚固钢筋截面积的 4 倍。

4. 螺栓锚头和焊接钢板的钢筋净距小于 $4d$ 时，应考虑群锚效应的不利影响。

5. 截面角部弯钩的布筋方向宜向截面内偏置。

6. 受压钢筋不应采用末端弯钩的锚固形式。

（3）纵向受拉钢筋绑扎搭接长度 l_l、l_{lE} 见表 2-6，纵向受拉钢筋绑扎搭接长度修正系数 ζ_l 见表 2-7。

抗震	非抗震	注：1. 当不同直径的钢筋搭接时，其 l_{IE} 与 l_1 值按较小直径计算。
$l_{IE}=\zeta_1 l_{aE}$	$l_1=\zeta_L l_a$	2. 任何情况下 l_1 不能小于 300mm。 3. 式中 ζ_1 为搭接长度修正系数，按表 2-7 取用

纵向受拉钢筋绑扎搭接长度修正系数 ζ_1 表 2-7

纵向钢筋搭接接头面积百分率(%)	25	50	100
ζ_1	1.2	1.4	1.6

纵向钢筋搭接接头面积百分率示意如图 2-87 所示。

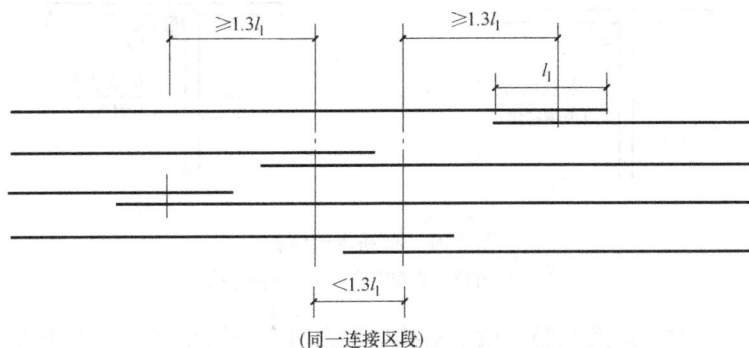

图 2-87　同一连接区段内纵向钢筋绑扎搭接接头

注：当直径相同时，图示钢筋搭接接头面积百分率为 50%。

3. 纵向钢筋绑扎搭接横截面钢筋排布

（1）纵向钢筋绑扎搭接横截面钢筋排布有斜向搭接、内侧搭接和同层搭接三种方式，如图 2-88～图 2-91 所示。

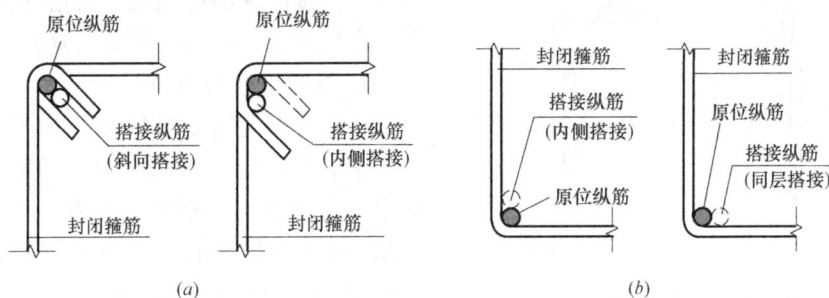

图 2-88　封闭箍筋转角处钢筋搭接位置

（a）转角处有弯钩；（b）转角处无弯钩

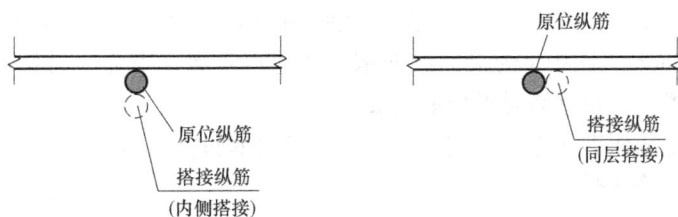

图 2-89　箍筋平直段处钢筋搭接位置

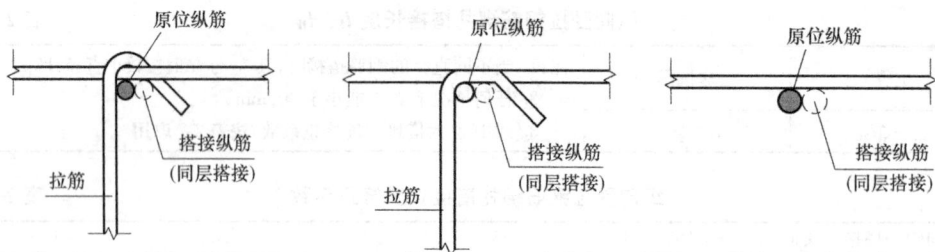

图 2-90　剪力墙分布钢筋处的钢筋搭接位置

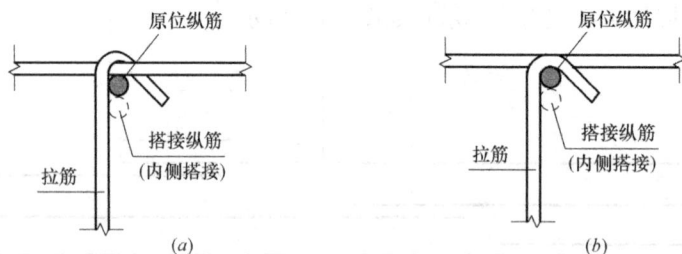

图 2-91　拉筋弯钩位置

(a) 同时拉主筋和箍筋；(b) 只拉主筋

（2）绑扎搭接时，搭接纵筋一般由搭接位置自然弯曲恢复至原位纵筋的纵向位置，如

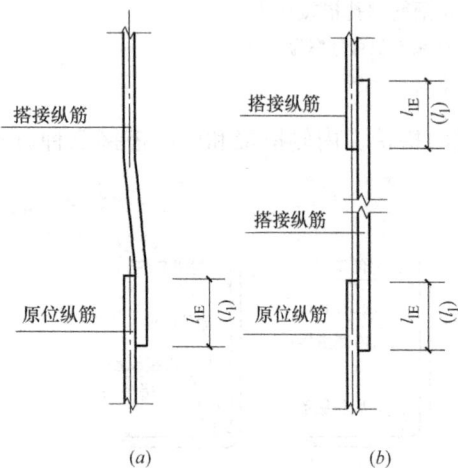

图 2-92　绑扎搭接钢筋纵向排布

图 2-92（a）所示，而采用同层搭接的纵筋，当不影响其他钢筋绑扎排布时，可通长保持搭接的位置不变，但下次搭接时，应将再次搭接的纵筋恢复原位，如图 2-92（b）所示。

（3）筏形基础的纵向钢筋采用同层搭接方式。搭接的纵筋可通长保持搭接位置不变，下一次搭接时，搭接的纵筋恢复原位。

4. 纵向钢筋的间距

（1）梁纵向钢筋间距（图 2-93）

梁上部纵向钢筋水平方向净间距（钢筋外边缘之间的最小距离）不应小于 30mm 和 1.5d（d 为钢筋的最大直径）；下部纵向钢筋水平方向的净间距不应小于 25mm 和 d。梁下部纵向钢筋多于两排时，两排以上钢筋水平方向的中距应比下面两排的中距增大 1 倍。各排钢筋之间的净距不应小于 25mm 和 d。

当梁的腹板高度 $h_w \geqslant 450$mm 时，在梁的两个侧面应沿高度配置纵向构造钢筋，其间距 a 不宜大于 200mm（图中 s 为梁的纵向钢筋合力点距离，当为一排钢筋时，取梁边缘到钢筋中心的位置，两排钢筋时近似取 60mm）。

当设计注明梁侧面钢筋为抗扭钢筋时，侧面纵向钢筋应均匀布置。

（2）柱纵向钢筋间距（图 2-94）

柱中纵向钢筋的净间距不应小于 50mm。柱中纵向受力钢筋的中心间距不宜大于 300mm；有抗震设防要求且截面尺寸大于 400mm 的柱，其中心间距不宜大于 200mm。

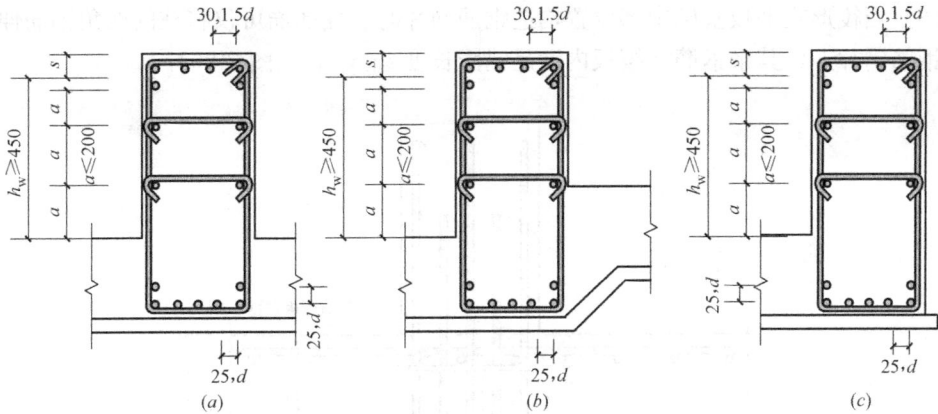

图 2-93 梁纵向钢筋间距

（3）筏形基础纵向钢筋间距

筏形基础中纵向受力钢筋的间距（中心距）不宜小于 150mm，宜为 200~300mm。

当基础筏板厚度大于 2m 时，宜在板厚度中间部位设置不小于 12mm，间距不大于 300mm 的双向钢筋网。

5. 柱插筋在基础中的锚固

（1）柱插筋应伸至基础底部并在基础高度范围内设置间距不大于 500mm 且不少于两道箍筋（图 2-95）。基础高度为柱插筋处的基础顶面至基础底面的距离。

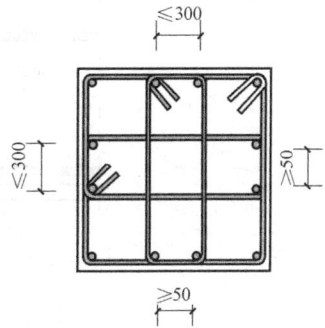

图 2-94 柱纵向钢筋间距

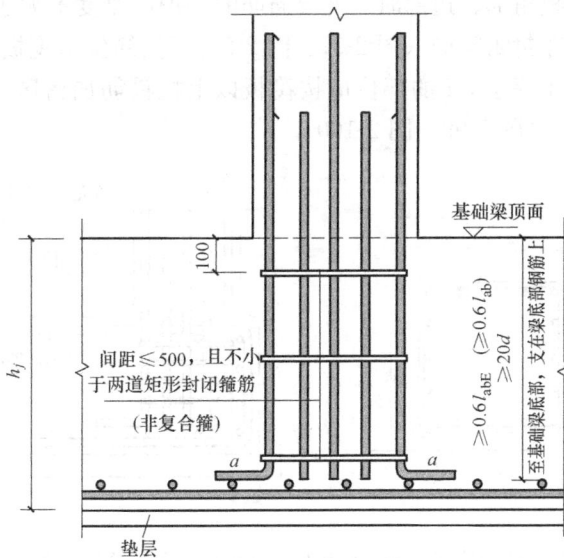

图 2-95 柱插筋在柱基础中的排布构造

注：1. 图中基础可以是独立基础、条形基础、基础梁、筏板基础和桩基承台。

2. 柱插筋的保护层厚度大于最大钢筋直径的 5 倍。

3. a 为锚固钢筋的弯折段长度，当基础插筋在基础内的直段长度 $\geqslant l_{aE}$（l_a）时，图中 $a=6d$ 且 $\geqslant$ 150mm，其他情况 $a=15d$。

（2）当筏形或平板基础中部设置构造钢筋网片时，柱插筋可仅将柱的四角钢筋伸至底部的钢筋网片上，其余钢筋在筏板内满足锚固长度 l_{aE}（l_a）（图 2-96）。

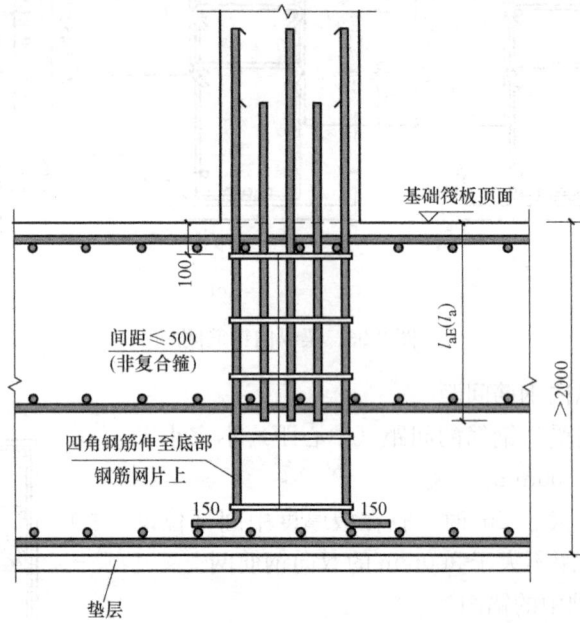

图 2-96　筏形基础中间有钢筋网片柱插筋排布构造

（3）当柱位于筏板角部、边部时，部分插筋的保护层厚度不大于 $5d$ 的部位应设置横向箍筋，该箍筋可为非封闭箍筋（图 2-97、图 2-98）；插筋位于筏板基础的基础梁非板中部时，保护层厚度小于等于 $5d$ 的部位应按筏板以上柱箍筋加密区且间距不大于 100mm 设置箍筋（非复合箍）（图 2-99、图 2-100）。

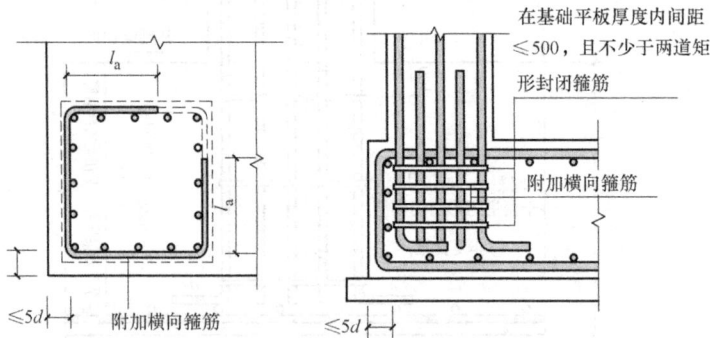

图 2-97　筏形基础转角处柱插筋附加横向箍筋的排布构造
注：附加箍筋也可以采用封闭箍筋。设计未注明时，可按本图施工。

（4）当筏形基础的基础梁下沉于筏板底部时，柱插筋应伸至基础梁底部，在下卧基础梁（不含筏板厚度）的范围内当柱插筋保护层厚度大于等于 $5d$ 时应按柱箍筋非加密区设置非复合箍筋（图 2-101）。

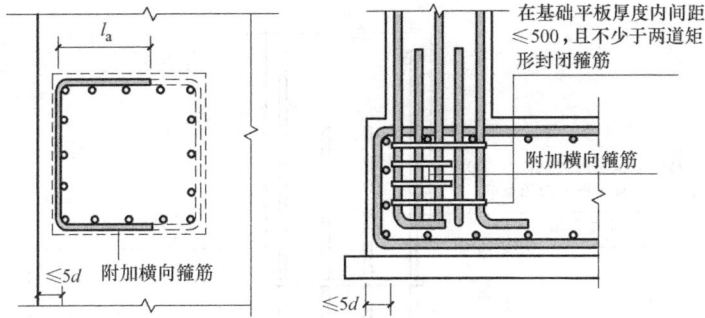

图 2-98 筏形基础边部柱插筋附加横向箍筋的排布构造

注：附加箍筋也可以采用封闭箍筋。设计未注明时，可按本图施工。

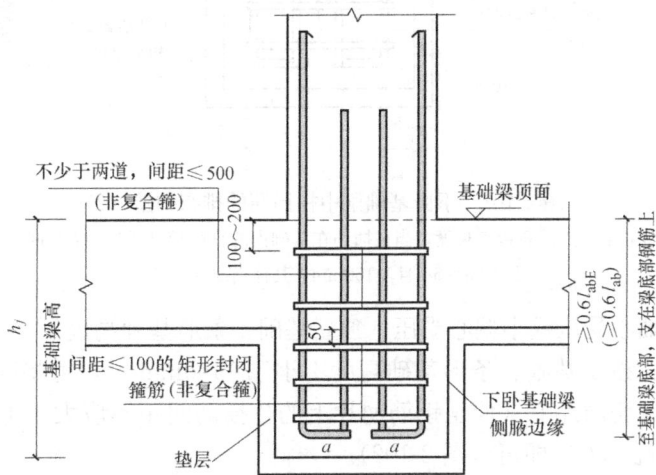

图 2-99 下卧基础梁中柱插筋的排布构造（1）

注：a 为锚固钢筋的弯折段长度，当柱插筋在梁内的直段长度 $\geqslant l_{aE}$（l_a）时，

图中 $a=6d$ 且 $\geqslant150mm$，其他情况 $a=15d$。

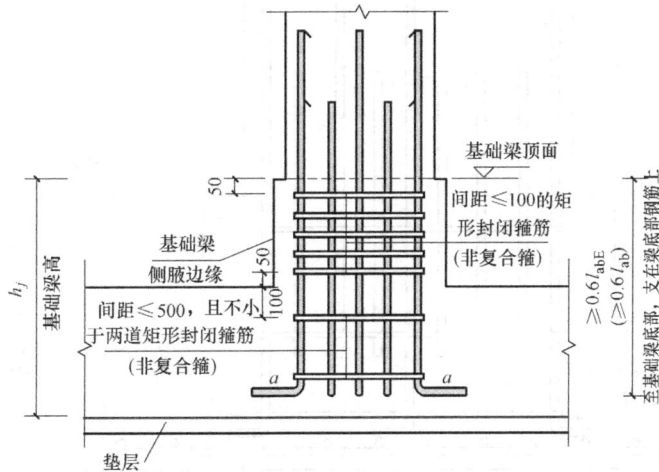

图 2-100 基础梁内柱插筋箍筋加密的排布构造

注：a 为锚固钢筋的弯折段长度，当柱插筋在梁内的直段长度 $\geqslant l_{aE}$（l_a）时，

图中 $a=6d$ 且 $\geqslant150mm$，其他情况 $a=15d$。

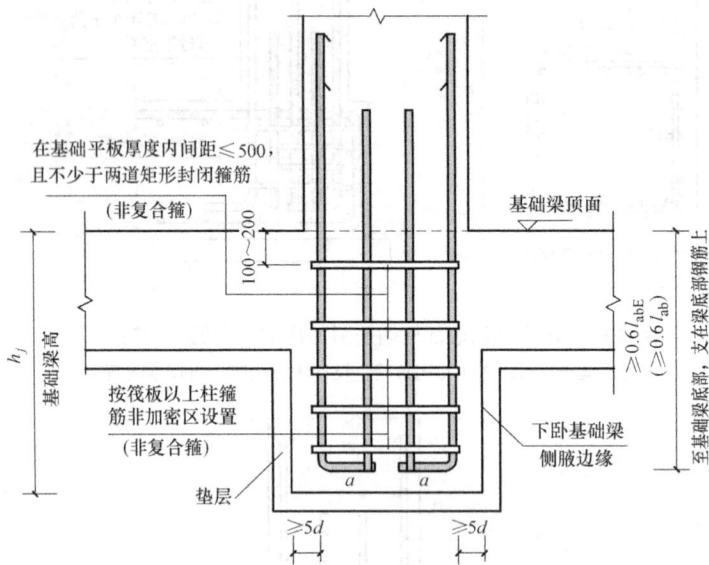

图 2-101 下卧基础梁中柱插筋的排布构造 (2)

注: a 为插筋弯折长度，当柱插筋在基础内的直段长度≥l_{aE} (l_a) 时，

图中 $a=6d$ 且≥150mm，其他情况 $a=15d$。

(5) 当柱为轴心受压或小偏心受压、独立基础、条形基础高度不小于 1200mm，或当柱为大偏心受压、独立基础、条形基础高度不小于 1400mm 时，可将四角插筋和其他部分插筋伸至底板钢筋网片上（伸至钢筋网片上的柱插筋间距不应大于 1000mm），其他钢筋满足锚固长度 l_{aE} (l_a) 即可（图 2-102）。

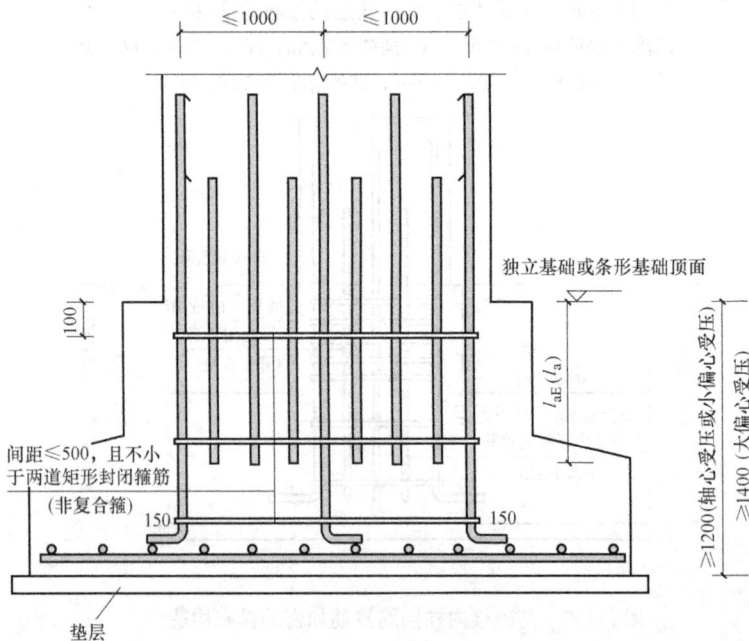

图 2-102 深基础内柱插筋的排布构造

94

6. 剪力墙墙体（不含边缘构件）插筋在基础中的锚固

（1）墙插筋应伸至基础底部并支在基础底部钢筋网片上，并在基础高度范围内设置间距不少于两道水平分布钢筋与拉筋（图 2-103）。

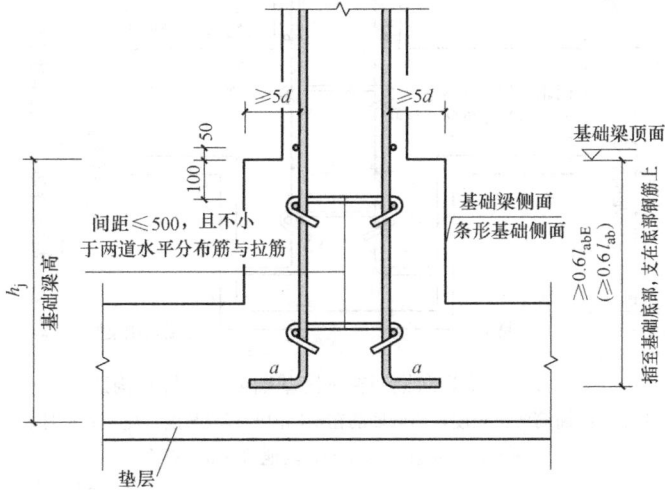

图 2-103　墙竖向钢筋在基础中的排布构造

注：1. 图中基础可以是条形基础、基础梁、筏形平板基础和桩基承台梁。

　　2. a 为插筋弯折长度，当柱插筋在基础内的直段长度 $\geqslant l_{aE}$（l_a）时，图中 $a=6d$ 且 $\geqslant 150mm$，其他情况 $a=15d$。

（2）当筏形或平板基础中板厚 $>2000mm$ 时，墙的钢筋排布按图 2-104 的要求施工。

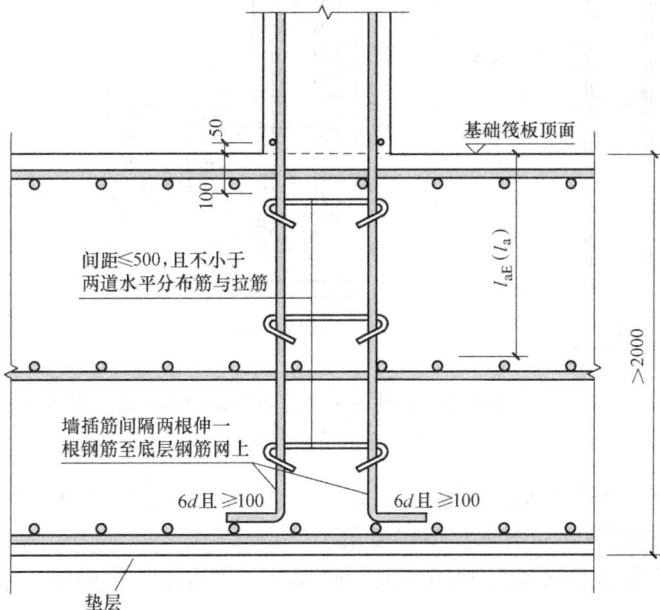

图 2-104　筏形基础有中间钢筋网时墙插筋排布构造

注：d 为墙插筋最大直径。

（3）当筏形基础的基础梁下沉于筏板底部时，墙插筋应伸至基础梁底部（图 2-105）。

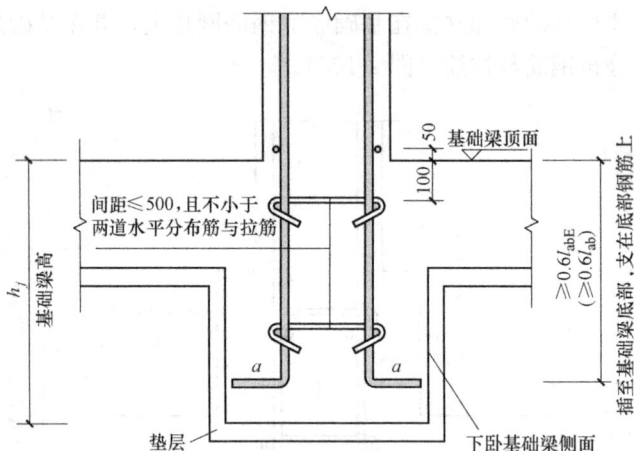

图 2-105　墙竖向钢筋在下卧基础梁中的排布构造

注：a 为插筋弯折长度，当墙插筋在基础内的直段长度≥l_{aE}（l_a）时，

图中 $a=6d$ 且≥150mm，其他情况 $a=15d$

（4）当墙位于筏板边部时，部分插筋的保护层厚度小于等于 $5d$ 的部位应设置横向附加水平钢筋（图 2-106）；插筋位于筏形基础的基础梁非板中部时，保护层厚度小于等于 $5d$ 的部位应设置横向水平钢筋（图 2-107），该附加横向水平钢筋也可与梁的箍筋绑扎（构造及要求与梁的抗扭腰筋相同）。

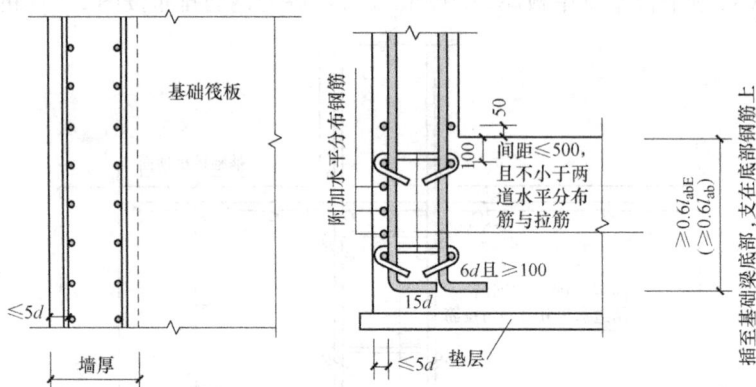

图 2-106　筏形基础边部墙插筋水平横向分布钢筋的排布构造（1）

注：d 为锚固钢筋的最大直径。

（5）当外侧墙插筋与基础底板纵向钢筋搭接时应满足（图 2-108）的构造要求。

7. 基础梁横截面箍筋安装绑扎位置要求

（1）内部复合箍筋应紧靠外封闭箍筋一侧绑扎。当有水平拉筋时，水平拉筋在外封闭的另一侧绑扎。

（2）封闭箍筋弯钩可在四角的任意部位。

（3）当设计箍筋肢数大于 6 时，偶数增加小套箍，奇数增加一单肢箍。

（4）相邻两组复合箍筋平面及弯钩位置对称排布（图 2-109、图 2-110）。

96

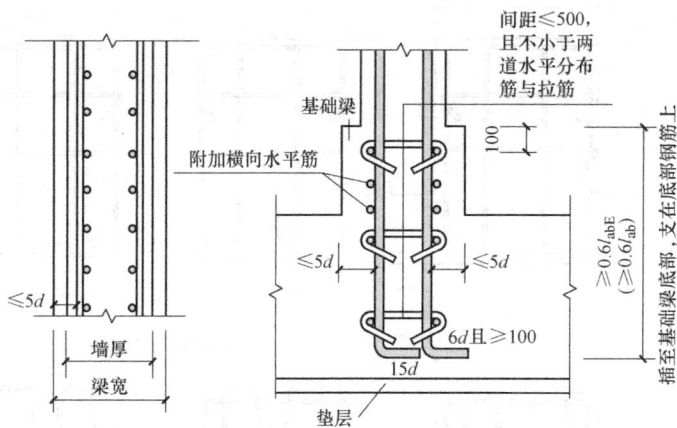

图 2-107　筏形基础边部墙插筋水平横向分布钢筋的排布构造（2）

注：*d* 为锚固钢筋的最大直径。

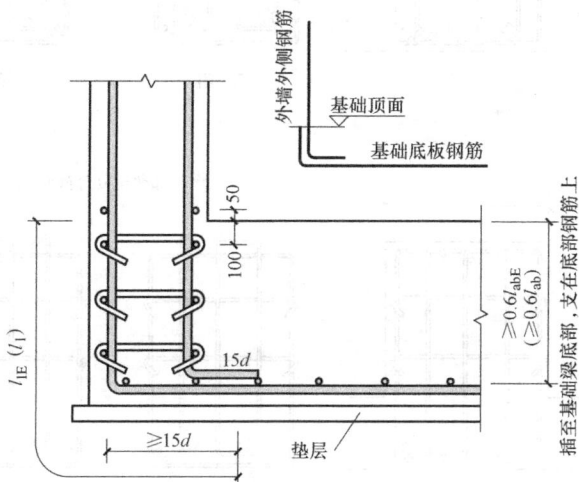

图 2-108　墙插筋与基础底板钢筋搭接锚固构造

（5）梁两侧腰筋用拉筋连系，拉筋宜同时钩住腰筋和箍筋。拉筋间距为非加密区箍筋间距的 2 倍，且不小于等于 600mm。当梁侧拉筋多于一排时，相邻上下排拉筋应错开设置。

8. 基础梁横截面纵向钢筋与箍筋排布构造

当梁箍筋为双肢箍时，基础梁上、下纵筋箍筋的排布无关联，各自独立排布。当梁箍筋为复合箍时，基础梁上下纵向钢筋与箍筋的排布相关联，钢筋排布应按以下规则综合考虑：

（1）基础梁上、下纵向钢筋与复合箍筋的复合方式应遵循对称布置原则，当同一组合内箍筋各肢位置不能满足对称要求时，相邻箍筋各肢的安装位置应沿梁纵向交错对称布置。

（2）基础梁复合箍筋应采用截面周边外封闭大箍加内封闭小箍的形式；当梁箍筋肢数

97

第一组　　　　　　　　　　第二组

相邻两组复合箍筋

第一组　　　　　　　　　　第二组

相邻两组复合箍筋

相邻两组复合箍筋

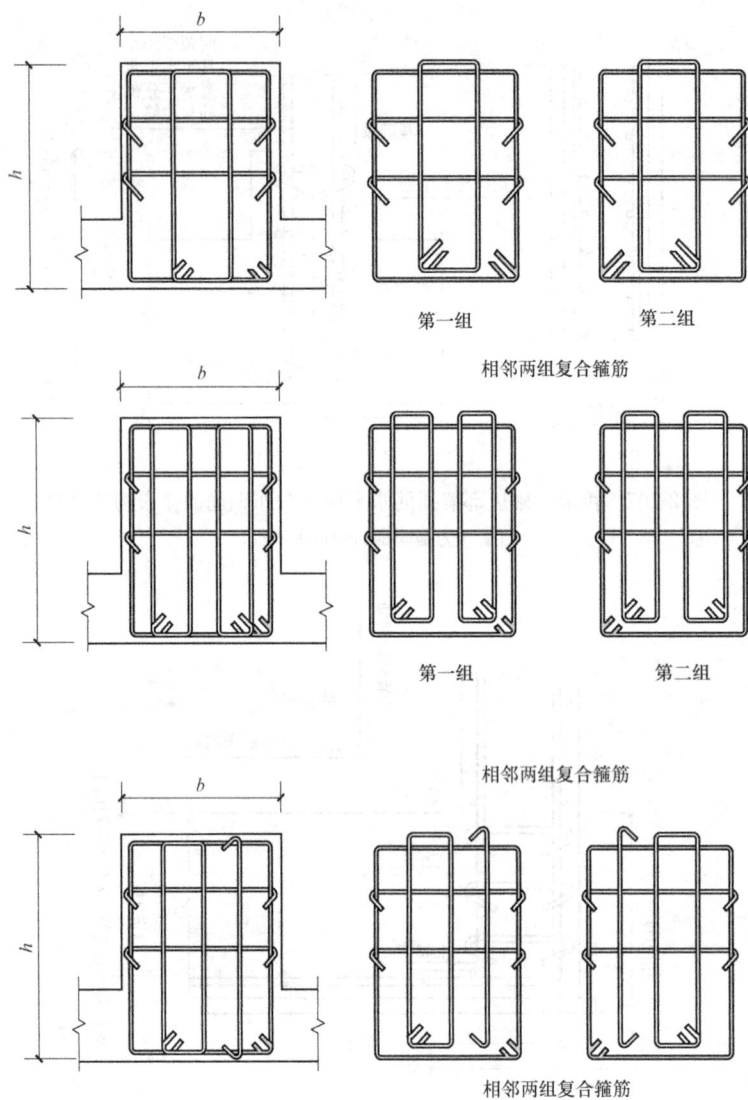

图 2-109　相邻肢形成内封闭箍筋形式及排布

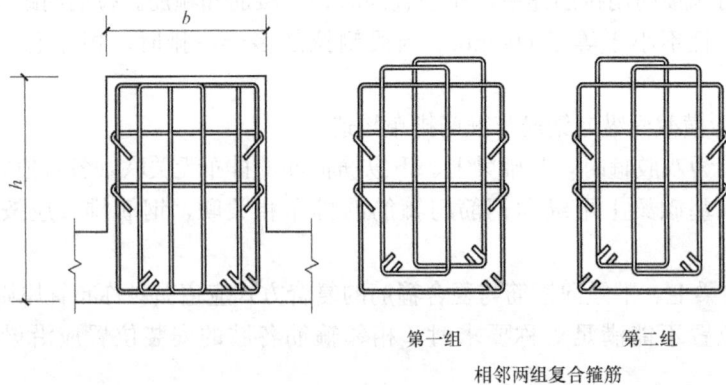

第一组　　　　　　　　　　第二组

相邻两组复合箍筋

图 2-110　非相邻肢形成内封闭箍筋形式及排布

≥6，相邻两肢形成的封闭小箍尺寸较小，施工中不易加工及安装绑扎时，内部复合箍也可以采用非相邻肢形成内部封闭小箍筋的形式（连环套），但沿外封闭箍筋周边箍筋重叠不应多于3个。

（3）复合箍肢数宜为双数，当复合箍筋肢数为单数时，与内部封闭箍筋并排设置一个单肢箍。

（4）梁箍筋转角处应有纵向钢筋，当箍筋转角处的纵向钢筋未能贯通全跨时，在跨中下部可以设立架立筋（架立筋的直径：当基础梁的跨度小于4m时，不宜小于8mm；当跨度为4~6m时，不宜小于10mm；当基础梁跨度大于6m时，不宜小于12mm。架立筋与基础梁纵向钢筋搭接长度为150mm）。

（5）基础梁下部钢筋宜对称均匀布置，通长钢筋宜置于箍筋转角处。

（6）在同一跨内各组合箍筋的复合方式应完全相同。当同一跨内有多种形式的复合箍筋时，可调整箍筋直径和间距以达到相同的复合方式。调整后的直径和间距必须满足《混凝土结构设计规范》（GB 50010—2010）规定的构造要求。

（7）梁纵向钢筋与箍筋排布时，除考虑本跨钢筋的排布关联因素外还应综合考虑相邻跨之间的关联影响。

2.5.5 条形基础与筏形基础梁钢筋的标准构造

1. 基础梁纵向钢筋构造

当不同直径的钢筋绑扎搭接时，搭接长度按较小钢筋直径计算。基础梁内通长设置的纵向钢筋在同一连接区段相邻连接接头应相互错开，位于同一连接区段内的纵向钢筋接头面积百分率不应大于50%。当两毗邻的底部贯通纵筋配置不同时，应将配置较大一跨的底部贯通纵筋越过其标注的跨数终点或起点，伸至配置较小的毗邻跨的跨中连接区进行连接。梁的同一纵向钢筋在同一跨内设置连接接头不得多于1个，基础梁的外挑部分不得设置连接接头。当钢筋直径$d>25$mm时，不宜采用搭接接头。具体工程中，基础梁纵向钢筋的连接方式及位置应以设计要求为准（图2-111）。

2. 基础次梁纵向钢筋连接位置

当不同直径的钢筋绑扎搭接时，搭接长度按较小钢筋直径计算。基础梁内通长设置的纵向钢筋在同一连接区段相邻连接接头应相互错开，位于同一连接区段内的纵向钢筋接头面积百分率不应大于50%。当两毗邻的底部贯通纵筋配置不同时，应将配置较大一跨的底部贯通纵筋越过其标注的跨数终点或起点，伸至配置较小的毗邻跨的跨中连接区进行连接。梁的同一纵向钢筋在同一跨内设置连接接头不得多于1个，基础梁的外挑部分不得设置连接接头。当钢筋直径$d>25$mm时，不宜采用搭接接头。具体工程中，基础梁纵向钢筋的连接方式及位置应以设计要求为准。

3. 基础梁箍筋、拉筋沿梁纵向排布构造

（1）在不同配置要求的箍筋区域分界处应设置一道分界箍筋，分界箍筋应按相邻区域配置要求较高的箍筋配置。

（2）梁第一道箍筋间距距支座边缘为50mm。

（3）梁两侧腰筋用拉筋连系，拉筋间距为非加密区箍筋间距的2倍，且≤600mm。当梁侧向拉筋多于一排时，相邻上下排拉筋应错开设置。

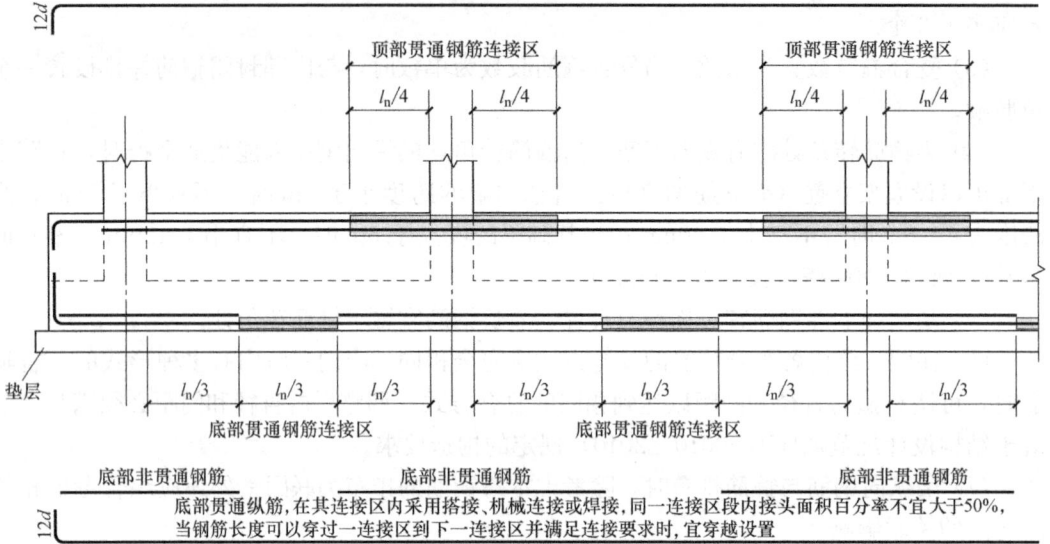

顶部贯通纵筋,在连接区内采用搭接、机械连接或焊接,同一连接区段内接头面积百分率不宜不于50%,当钢筋长度可以穿过一连接区到下一连接区并满足连接要求时,宜穿越设置

顶部贯通钢筋连接区　　　　　　顶部贯通钢筋连接区

$l_n/4$　　$l_n/4$　　　　$l_n/4$　　$l_n/4$

垫层

$l_n/3$　$l_n/3$　$l_n/3$　　$l_n/3$　$l_n/3$　$l_n/3$　　$l_n/3$　$l_n/3$

底部贯通钢筋连接区　　　　　底部贯通钢筋连接区

底部非贯通钢筋　　　　底部非贯通钢筋　　　　底部非贯通钢筋

底部贯通纵筋,在其连接区内采用搭接、机械连接或焊接,同一连接区段内接头面积百分率不宜大于50%,当钢筋长度可以穿过一连接区到下一连接区并满足连接要求时,宜穿越设置

图 2-111　基础梁纵向钢筋构造

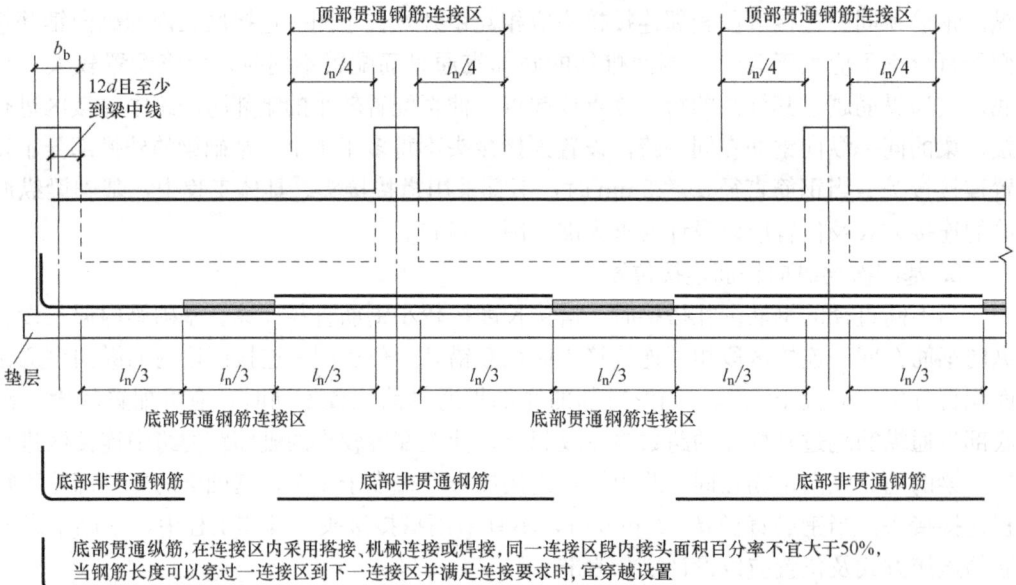

顶部贯通纵筋,在连接区内采用搭接、机械连接或焊接,同一连接区段内接头面积百分率不宜大于50%,当钢筋长度可以穿过一连接区到下一连接区并满足连接要求时,宜穿越设置

顶部贯通钢筋连接区　　　　　　顶部贯通钢筋连接区

$l_n/4$　　$l_n/4$　　　　$l_n/4$　　$l_n/4$

b_b

$12d$且至少到梁中线

垫层

$l_n/3$　$l_n/3$　$l_n/3$　　$l_n/3$　$l_n/3$　$l_n/3$　　$l_n/3$　$l_n/3$

底部贯通钢筋连接区　　　　　底部贯通钢筋连接区

底部非贯通钢筋　　　　底部非贯通钢筋　　　　底部非贯通钢筋

底部贯通纵筋,在连接区内采用搭接、机械连接或焊接,同一连接区段内接头面积百分率不宜大于50%,当钢筋长度可以穿过一连接区到下一连接区并满足连接要求时,宜穿越设置

图 2-112　基础次梁纵向钢筋连接位置

（4）弧形梁箍筋加密区范围按梁宽中心线展开计算，箍筋间距按凸面量度。

（5）节点两侧主梁宽不同时，节点区域的箍筋应按梁宽较大的一侧配置箍筋。

（6）具体工程中，梁第一种箍筋的设置范围，纵向钢筋搭接区箍筋的配置等均应以设计要求为准（图 2-113、图 2-114）。

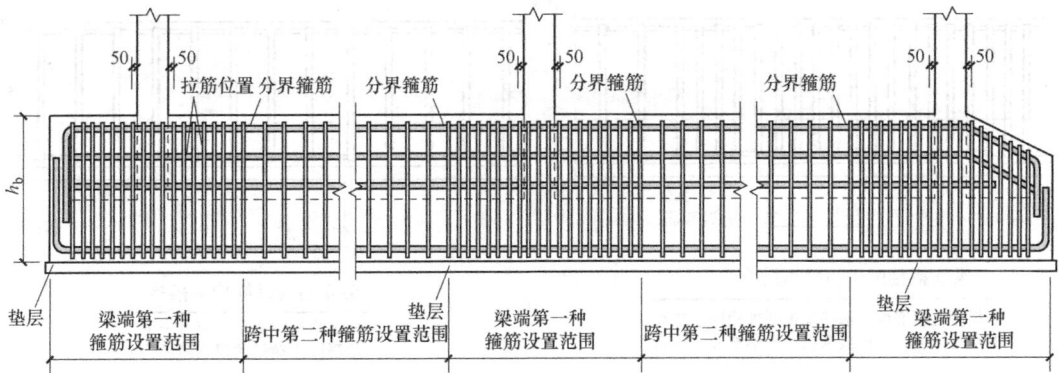

图 2-113　基础主梁箍筋、拉筋排布构造详图

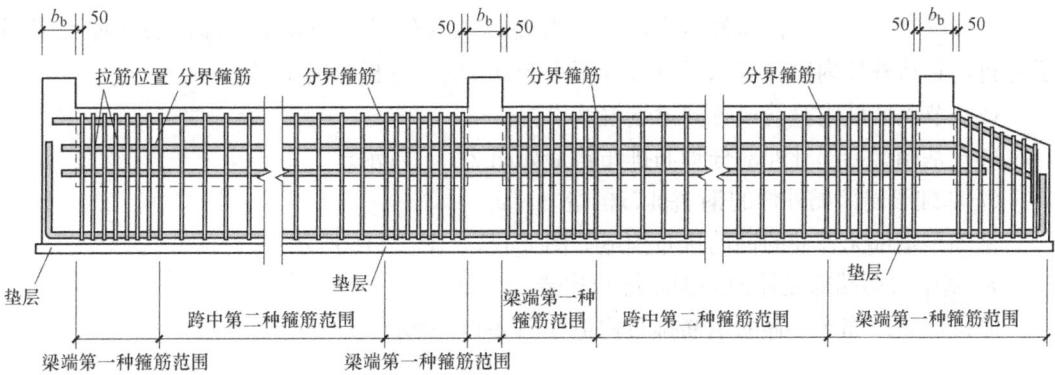

图 2-114　基础次梁箍筋、拉筋排布构造详图

4. 基础梁纵筋搭接区箍筋的排布构造

（1）在不同配置要求的箍筋区域分界处应设置一道分界箍筋，分界箍筋应按相邻区域配置。

（2）受力钢筋搭接长度内的箍筋直径不小于 $d/4$（d 为搭接钢筋的最大直径），纵向钢筋搭接长度范围内的箍筋间距≤$5d$（d 为搭接钢筋的较小直径），且不应大于 100mm（图 2-115）。

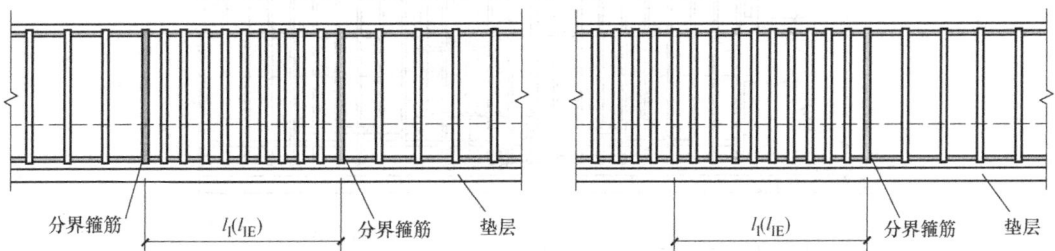

纵筋搭接区箍筋排布构造（一）

当搭接区箍筋要求高于相邻区箍筋配置要求时，搭接区箍筋单独分区排布

纵筋搭接区箍筋排布构造（二）

当搭接区箍筋与一侧相邻区箍筋配置要求相同时，搭接区箍筋可与该侧箍筋合并排布

图 2-115　基础梁纵筋搭接区箍筋的排布构造

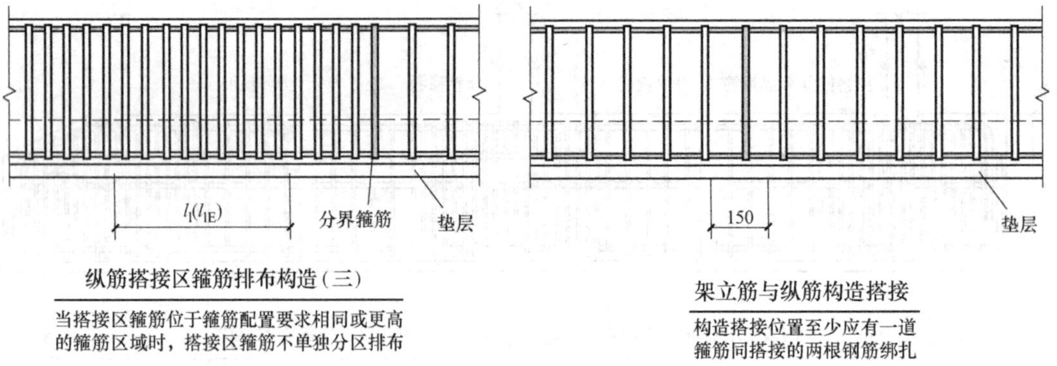

$l_l(l_{lE})$
分界箍筋
垫层
150
垫层
纵筋搭接区箍筋排布构造(三)
当搭接区箍筋位于箍筋配置要求相同或更高
的箍筋区域时，搭接区箍筋不单独分区排布
架立筋与纵筋构造搭接
构造搭接位置至少应有一道
箍筋同搭接的两根钢筋绑扎

图 2-115　基础梁纵筋搭接区箍筋的排布构造（续）

5. 基础梁端部外伸部位钢筋排布构造

（1）端部等（变）截面外伸构造中，当 $l_{n'}+h_c \leqslant l_a$ 时，基础梁下部钢筋应伸至端部后弯折，且从外柱内边算起水平段长度不小于 $0.4l_{ab}$，弯折长度 $15d$。

（2）节点区域内箍筋设置同梁端箍筋设置。

（3）基础梁端部外伸部分钢筋排布构造如图 2-116 所示。

6. 基础梁端部无外伸的钢筋排布构造

基础梁端部无外伸的钢筋排布构造如图 2-117、图 2-118 所示。

7. 基础次梁端部无外伸的钢筋排布构造

基础次梁端部无外伸的钢筋排布构造如图 2-119 所示。

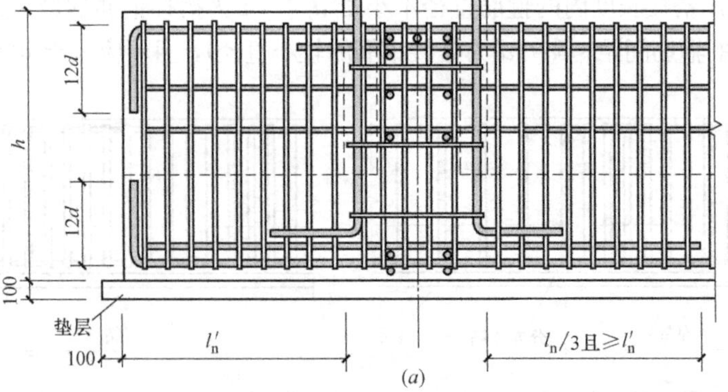

h_c
$\geqslant l_a$
边柱或角柱
50
50
12d
h
12d
100
垫层
100
l'_n
$l_n/3$且$\geqslant l'_n$

(a)

图 2-116　基础梁端部外伸部位钢筋排布构造

(a) 端部等截面外伸钢筋排布构造；

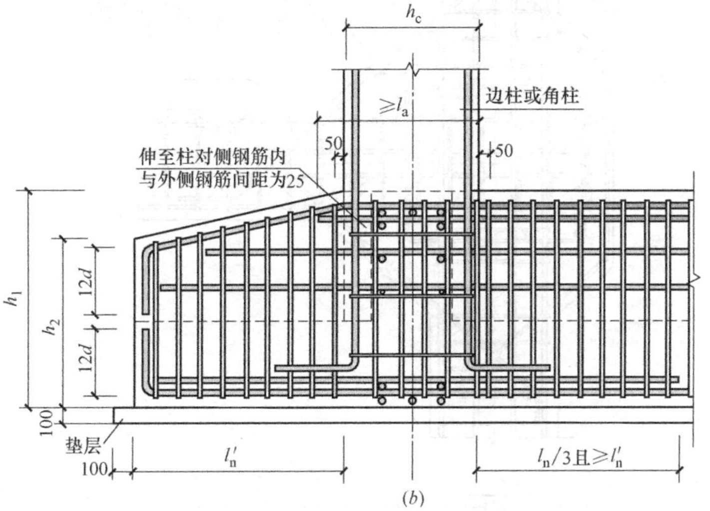

图 2-116　基础梁端部外伸部位钢筋排布构造（续）

(b) 端部变截面外伸钢筋排布构造

注：l_n 为边跨净跨度。

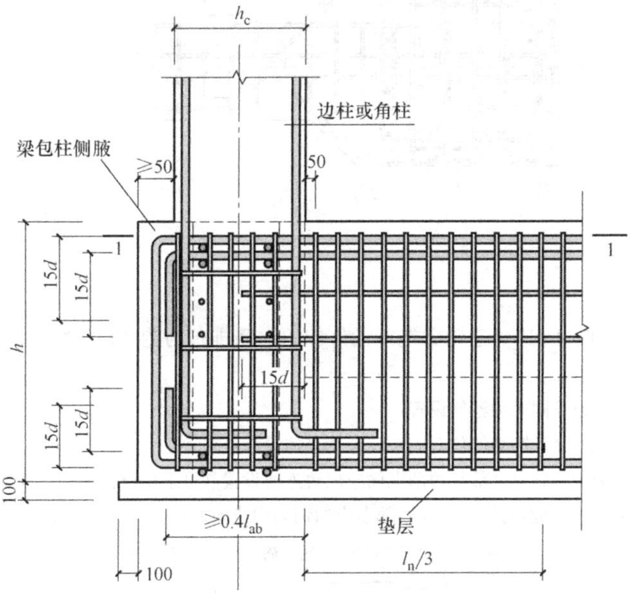

图 2-117　基础梁端部无外伸的钢筋排布构造（1）

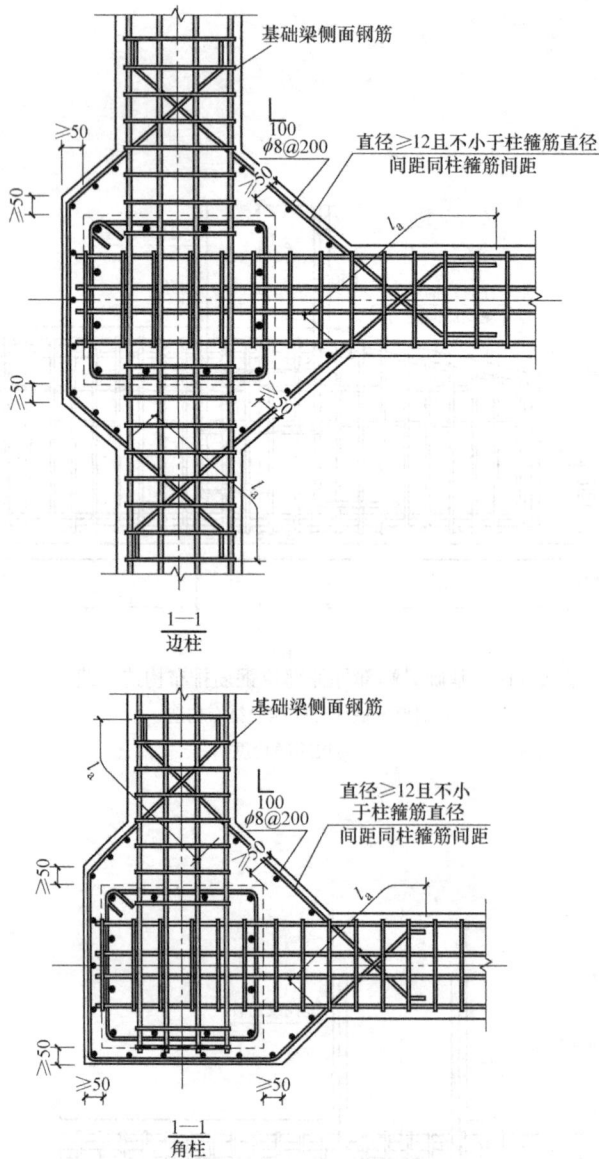

图 2-117 基础梁端部无外伸的钢筋排布构造（1）（续）

注：1. l_n 为边跨净跨度。

2. 节点区域内箍筋设置同梁端箍筋设置。

3. 基础主梁相交处的交叉钢筋的位置关系，应按具体设计要求。

4. 端部无外伸构造中基础梁底部与顶部纵筋应成对连通设置（可采用通长钢筋，或将底部与顶部钢筋焊接连接后弯折成型）。成对连通后顶部和底部多出的钢筋构造如下：

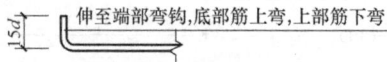

5. 基础梁侧面钢筋如果设计注明为抗扭钢筋时，自柱边开始伸入支座的锚固长度不小于 l_a，当直锚长度不够时，可向上弯折。

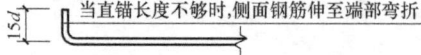

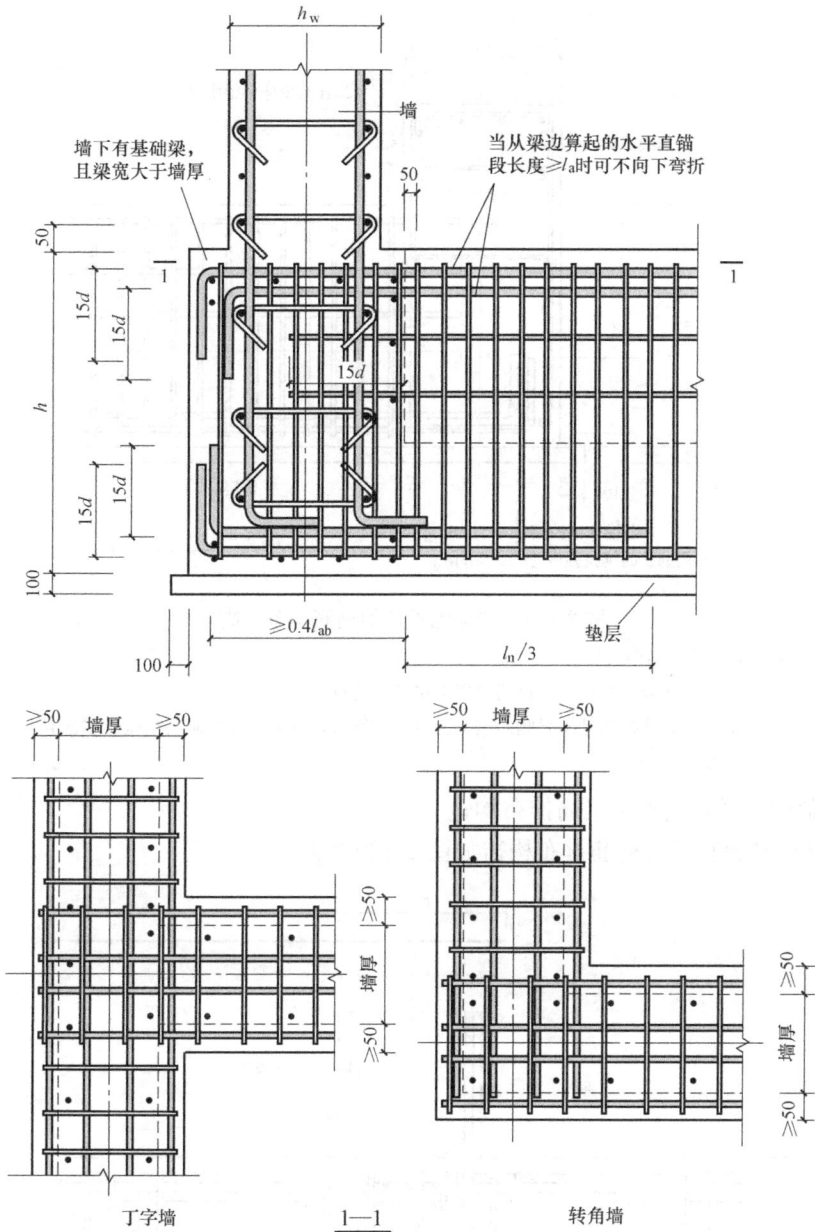

图 2-118　基础梁端部无外伸的钢筋排布构造（2）

注：1. l_n 为边跨净跨度。

2. 节点区域内箍筋设置同梁端箍筋设置。

3. 基础主梁相交处的交叉钢筋的位置关系，应按具体设计要求。

4. 端部无外伸构造中基础梁底部与顶部纵筋应成对连通设置（可采用通长钢筋，或将底部与顶部钢筋焊接连接后弯折成型）。成对连通后顶部和底部多出的钢筋构造如下：

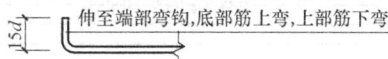

伸至端部弯钩,底部筋上弯,上部筋下弯

5. 基础梁侧面钢筋如果设计标明为抗扭钢筋时，自柱边开始伸入支座的锚固长度不小于 l_a，当直锚长度不够时，可向上弯折。

当直锚长度不够时,侧面钢筋伸至端部弯折

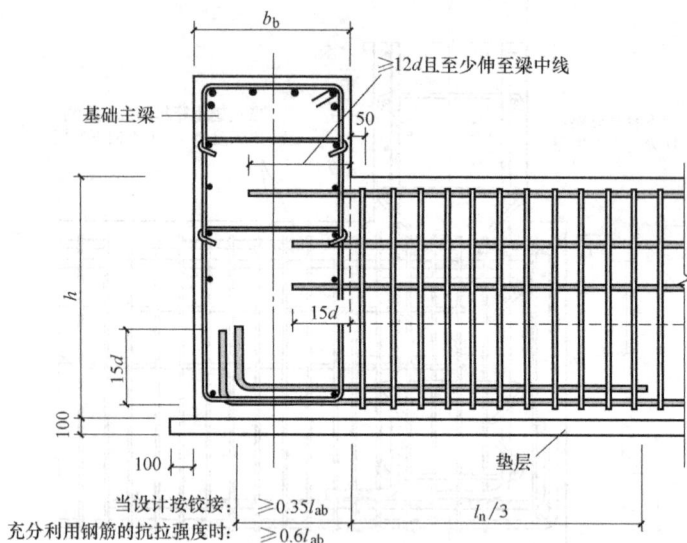

图 2-119 端部无外伸的钢筋排布构造

注：1. l_n 为边跨净跨度。

　　2. 节点区域内基础主梁箍筋设置同梁端箍筋设置。

　　3. 如果设计标明基础梁侧面钢筋为抗扭钢筋时，自梁边开始伸入支座的锚固长度不小于 l_a。

8. 基础梁顶平和底平时钢筋排布构造

基础梁顶平和底平时钢筋排布构造如图 2-120 所示。

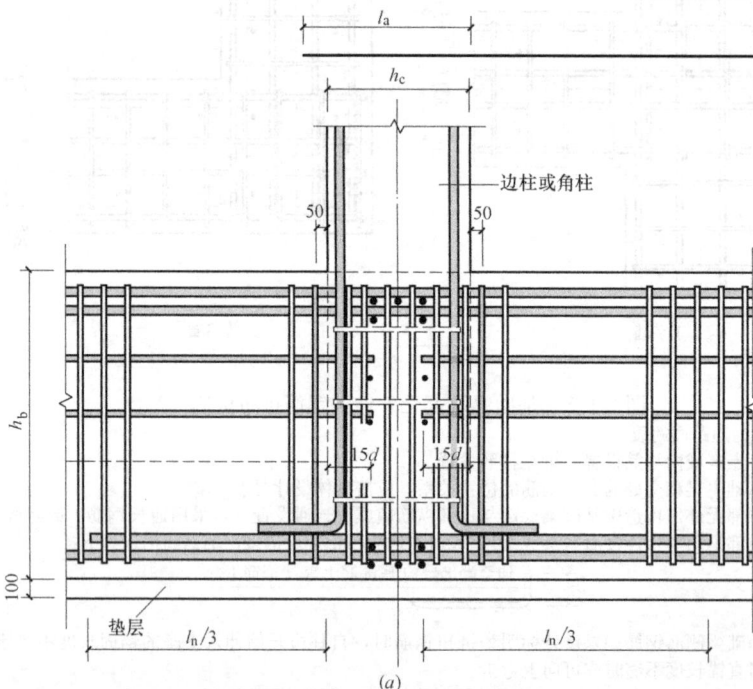

(a)

图 2-120　基础梁顶平和底平时钢筋排布构造

（a）基础梁中间支座钢筋排布构造；

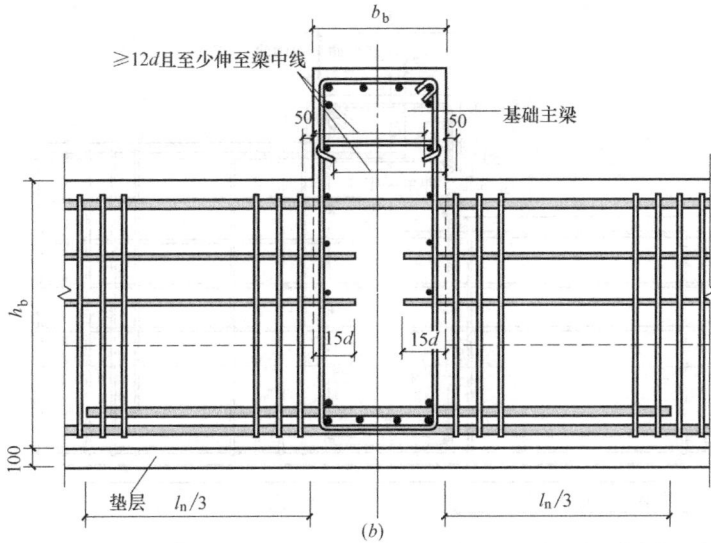

图 2-120　基础梁顶平和底平时钢筋排布构造（续）

（b）基础次梁中间支座钢筋排布构造；

注：1. 支座两侧的钢筋应协调配置，当两侧配筋直径相同而根数不同时，应将配筋小的一侧的钢筋全部穿过支座，配筋大的一侧多余的钢筋至少伸至柱对边内侧，锚固长度为 l_a，当柱内长度不能满足时，则将多余钢筋伸至对侧梁内，以满足锚固长度要求。

2. l_n 为支座两侧净跨度的较大值。

3. 本图节点内的梁、柱均有箍筋，施工前应组织好施工顺序，以避免梁或柱的箍筋无法放置。节点区域内基础主梁的箍筋设置均应满足本图集中的相关排布构造。

4. 当基础梁中间支座两侧的腰筋相同且锚固长度之和不小于梁宽时，可直接将两侧腰筋贯通支座。

5. 基础主梁相交处的交叉钢筋的位置关系，应按具体设计说明。

6. 当设计注明基础梁中的侧面钢筋为抗扭钢筋且未贯通施工时，锚固长度为 l_a。

9. 基础梁仅梁顶有高差时钢筋排布构造

基础梁仅梁顶有高差时钢筋排布构造如图 2-121 所示。

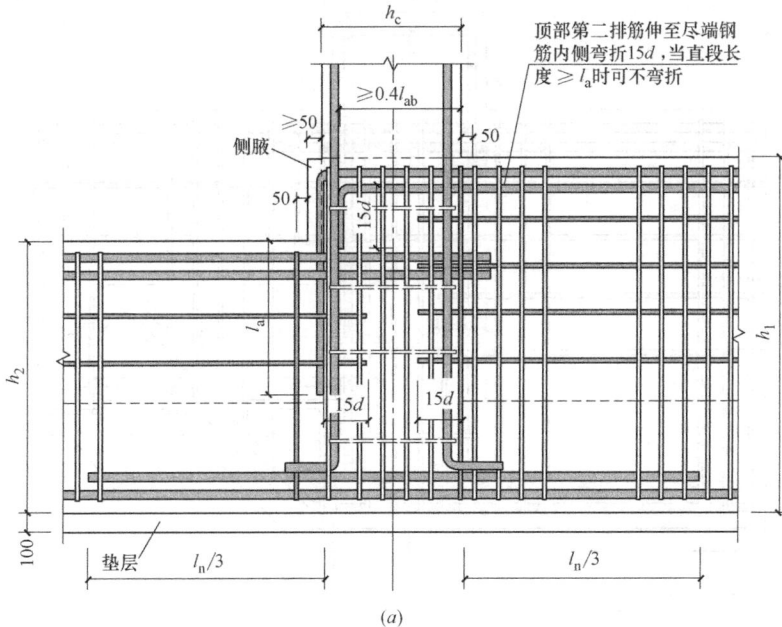

（a）

图 2-121　基础梁仅梁顶有高差时钢筋排布构造

（a）基础主梁；

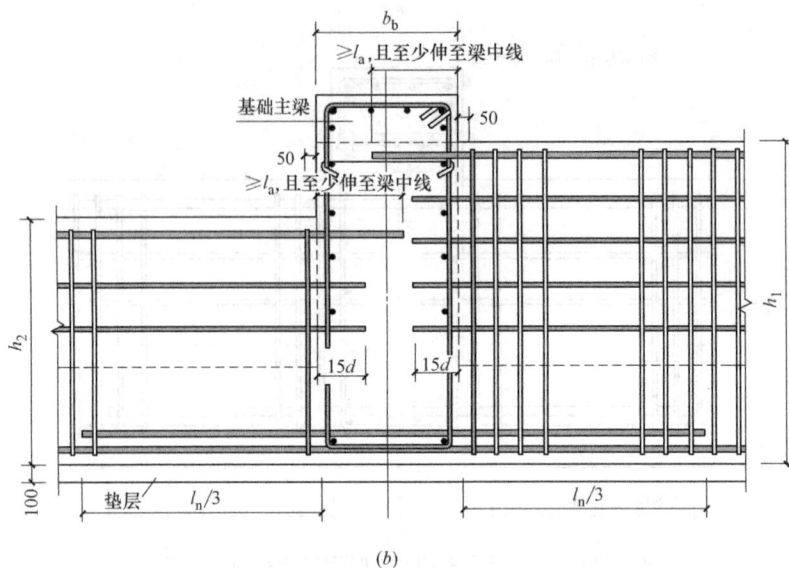

(b)

图 2-121　基础梁仅梁顶有高差时钢筋排布构造（续）

(b) 基础次梁

注：1. l_n 为支座两侧净跨度的较大值。

2. 跨内纵向钢筋构造、箍筋复合方式及相关要求应符合本图集相应的构造要求。

3. 节点内的梁、柱均有箍筋，施工前应组织好施工顺序，以避免梁或柱的箍筋无法放置。

4. 基础主梁相交处的交叉钢筋的位置关系，应按具体设计说明。

5. 当基础梁变标高及变截面形式与本图不同时，其构造应由设计者设计。当施工要求参照本图构造方式时，应提供相应的变更说明。

6. 当设计注明基础梁中的侧面钢筋为抗扭钢筋且未贯通施工时，锚固长度为 l_a。

10. 基础梁梁顶和梁底均有高差时钢筋排布构造。

基础梁梁顶和梁底均有高差时钢筋排布构造如图 2-122 所示。

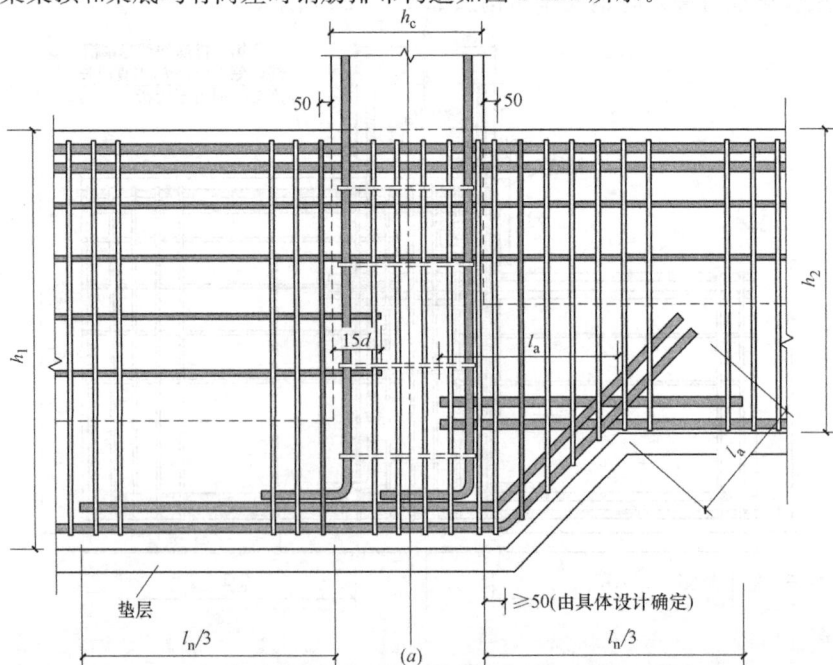

图 2-122　基础梁梁顶和梁底均有高差时钢筋排布构造

(a) 基础主梁；

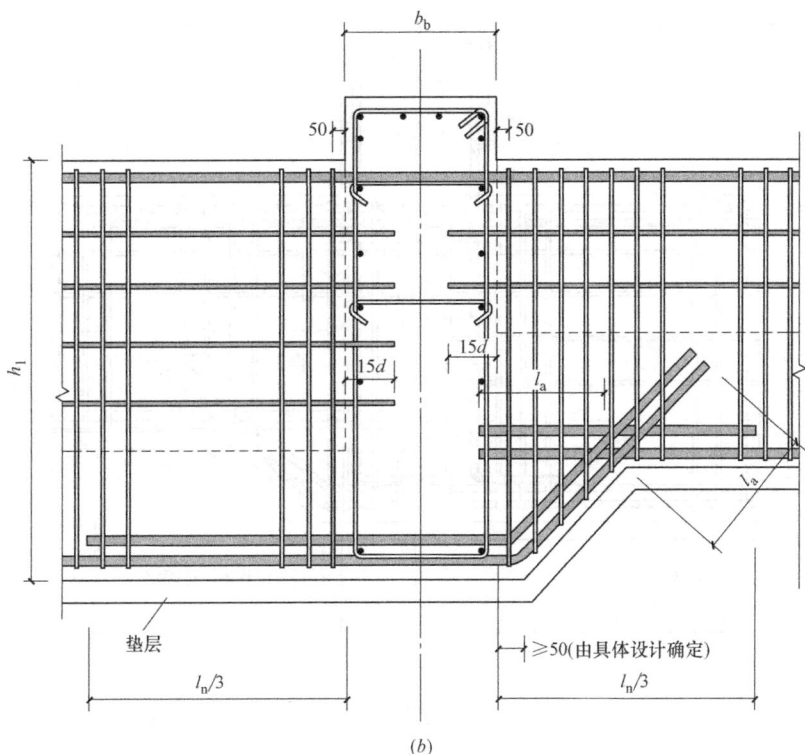

图 2-122　基础梁梁顶和梁底均有高差时钢筋排布构造（续）

(b) 基础次梁

注：1. l_n 为支座两侧净跨度的较大值。

2. 基础主梁相交处的交叉钢筋的位置关系，应按具体设计说明。

3. 梁（板）底高差坡度根据场地实际情况可取 30°、45°或 60°角。

4. 当基础梁变标高及变截面形式与本图不同时，其构造应由设计者设计，当施工要求参照本图构造方式时，应提供相应的变更说明。

11. 基础梁梁底有高差时钢筋排布构造

基础梁梁底有高差时钢筋排布构造如图 2-123 所示。

12. 支座两侧基础梁宽度不同时钢筋排布构造

支座两侧基础梁宽度不同时钢筋排布构造如图 2-124 所示。

13. 基础主梁与柱结合部侧腋钢筋排布构造

基础主梁与柱结合部侧腋钢筋排布构造如图 2-125 所示。

14. 基础主梁梁高加腋钢筋排布构造

（1）当筏形基础平法施工图中基础梁梁高加腋部位的配筋未注明时，其梁腋的顶部斜纵钢筋为基础梁顶部第一排纵筋根数减 1 根（且不少于 2 根）。并插空安放，其强度和直径与基础梁顶部第一排纵筋相同。梁腋范围的箍筋与基础梁的箍筋配置相同，仅箍筋高度为变值。

（2）基础主梁在梁柱结合部位所加侧腋的顶部与基础主梁非加腋顶部齐平，不随梁高加腋而变化。

（3）当设计注明基础梁中的侧面钢筋为抗扭钢筋且未贯通施工时，锚固长度为 l_a（图2-126）。

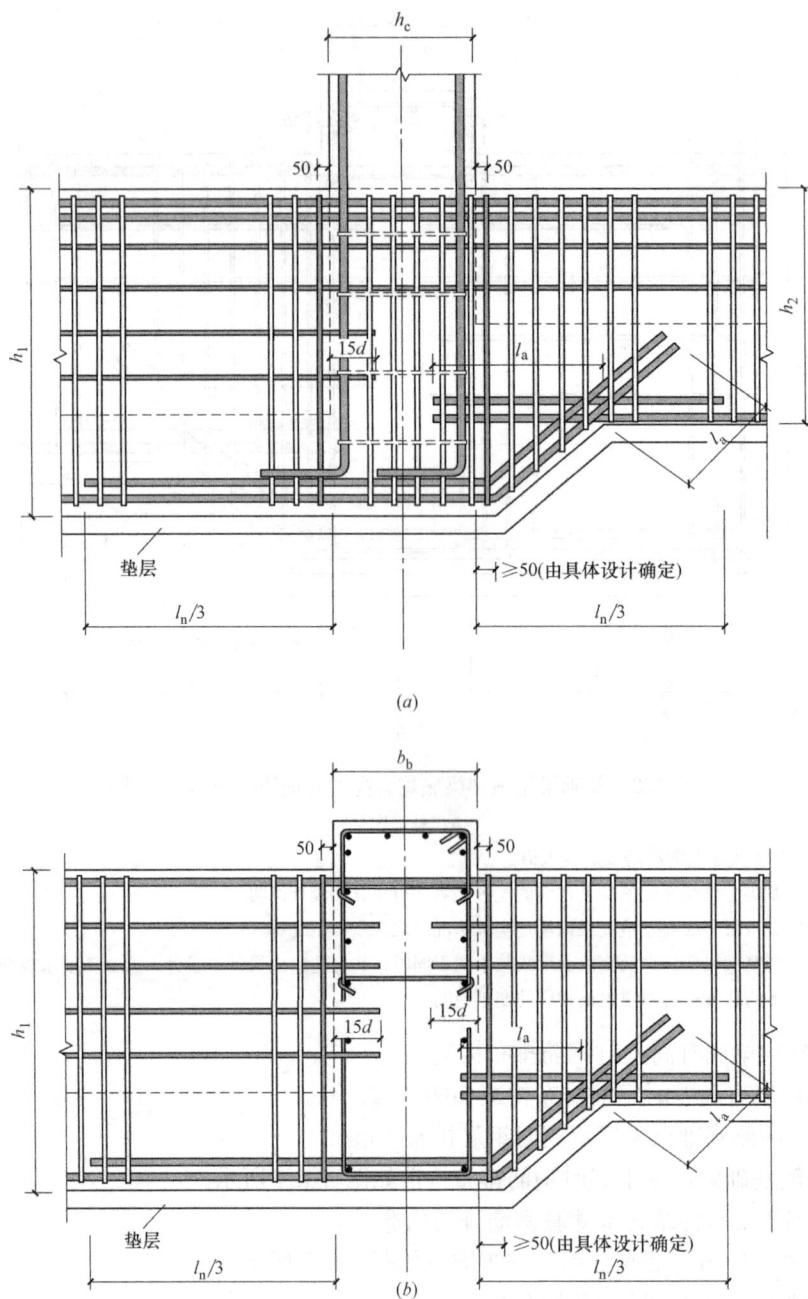

(a)

(b)

图 2-123　基础梁梁底有高差时钢筋排布构造

(a) 基础主梁；(b) 基础次梁

注：1. l_n 为支座两侧净跨度的较大值。

2. 基础主梁相交处的交叉钢筋的位置关系，应按具体设计说明。

3. 梁（板）底高差坡度根据场地实际情况可取 30°、45° 或 60° 角。

4. 当基础梁变标高及变截面形式与本图不同时，其构造应由设计者设计，当施工要求参照本图构造方式时，应提供相应的变更说明。

5. 当设计注明基础梁中的侧面钢筋为抗扭钢筋且未贯通施工时，锚固长度为 l_a。

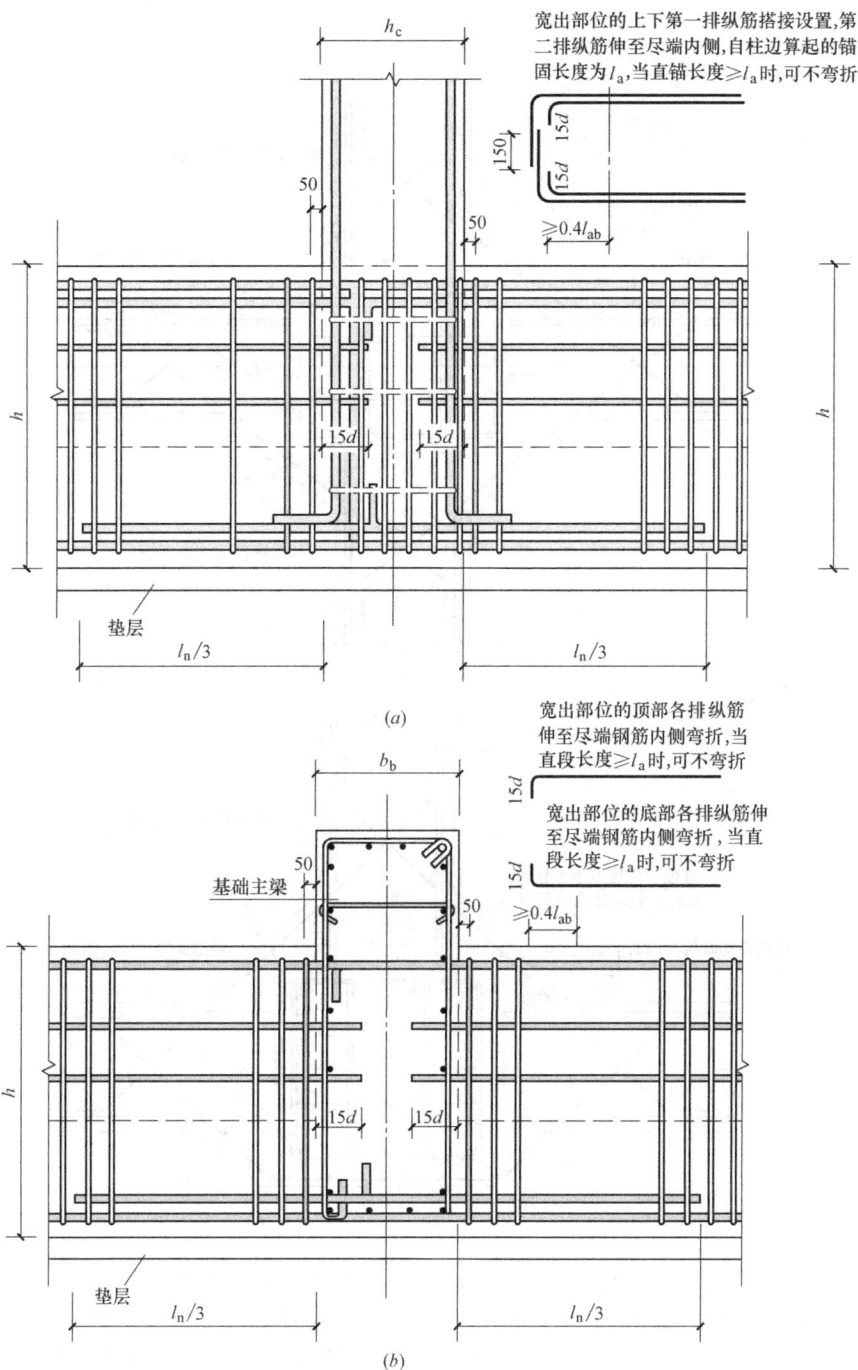

宽出部位的上下第一排纵筋搭接设置,第二排纵筋伸至尽端内侧,自柱边算起的锚固长度为 l_a,当直锚长度≥l_a时,可不弯折

$15d$

$15d$ $15d$

150

≥$0.4l_{ab}$

h_c

50

50

h

$15d$ $15d$

h

垫层

$l_n/3$

$l_n/3$

(a)

宽出部位的顶部各排纵筋伸至尽端钢筋内侧弯折,当直段长度≥l_a时,可不弯折

$15d$

$15d$

宽出部位的底部各排纵筋伸至尽端钢筋内侧弯折,当直段长度≥l_a时,可不弯折

≥$0.4l_{ab}$

b_b

基础主梁

50

50

h

$15d$ $15d$

垫层

$l_n/3$

$l_n/3$

(b)

图 2-124　支座两侧基础梁宽度不同时钢筋排布构造
(a) 基础主梁;(b) 基础次梁

注:1. 支座两侧的钢筋应协调配置,梁宽较小一侧的钢筋应全部贯通支座。宽出部位的上、下排纵向钢筋,伸至支座尽端钢筋内侧,自柱边算起的锚固长度为 l_a,当直锚段不能满足要求时,可在尽端钢筋内侧向下弯折,向下弯折长度为 $15d$。
2. l_n 为支座两侧净跨度的较大值。
3. 当基础梁中间支座两侧的腰筋相同且锚固长度之和不小于梁宽时,可直接将两侧腰筋贯通支座。
4. 基础主梁相交处的交叉钢筋的位置关系,应按具体设计说明。
5. 当设计注明基础梁中的侧面钢筋为抗扭钢筋且未贯通施工时,锚固长度为 l_a。
6. 支座右侧梁宽大于左侧梁宽。

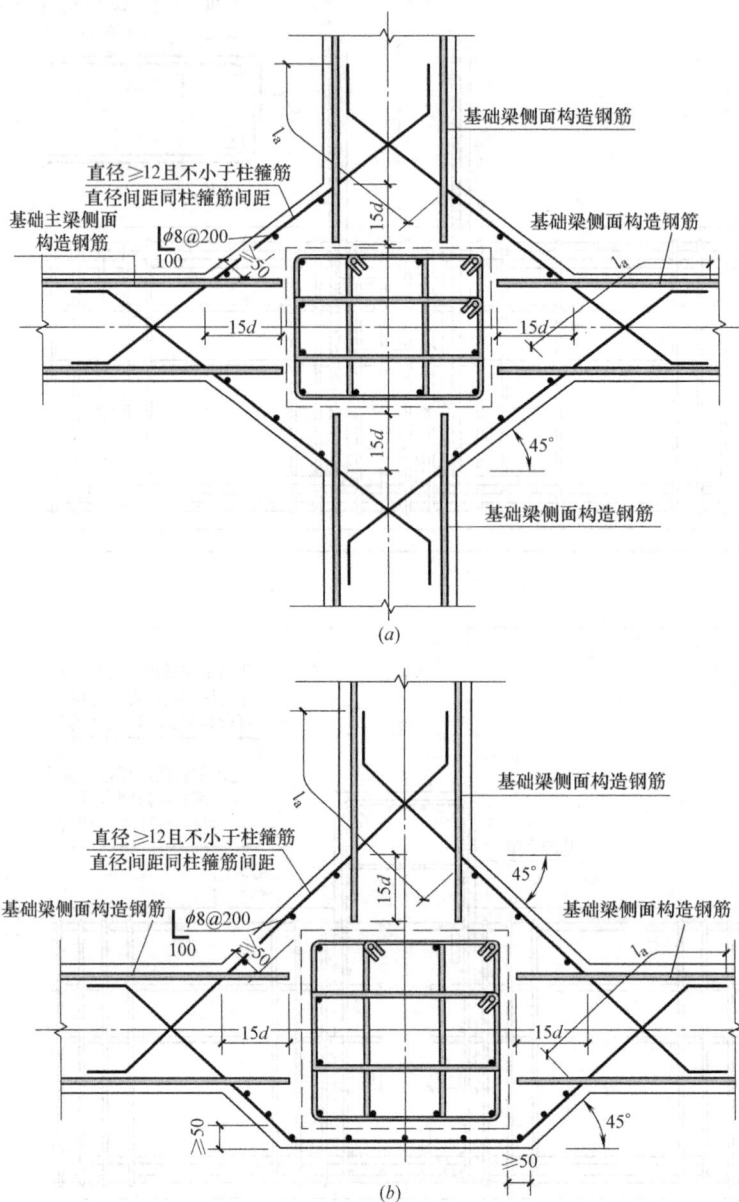

图 2-125 基础主梁与柱结合部侧腋钢筋排布构造

（a）十字交叉基础主梁与柱结合部侧腋钢筋排布；（b）丁字交叉基础主梁与柱结合部侧腋钢筋排布

注：1. 除基础梁比柱宽且完全形成梁包柱的情况外，所有基础主梁与柱结合部位均按本图的构造排布钢筋。

2. 当实际工程与本图不同时，其构造应由设计者设计；若要求施工方面参照本图排布钢筋时，应提供相应的变更说明。

3. 同一节点的各边侧腋尺寸及配筋均相同。

4. 当设计注明基础梁中的侧面钢筋为抗扭钢筋且未贯通施工时，锚固长度为 l_a。

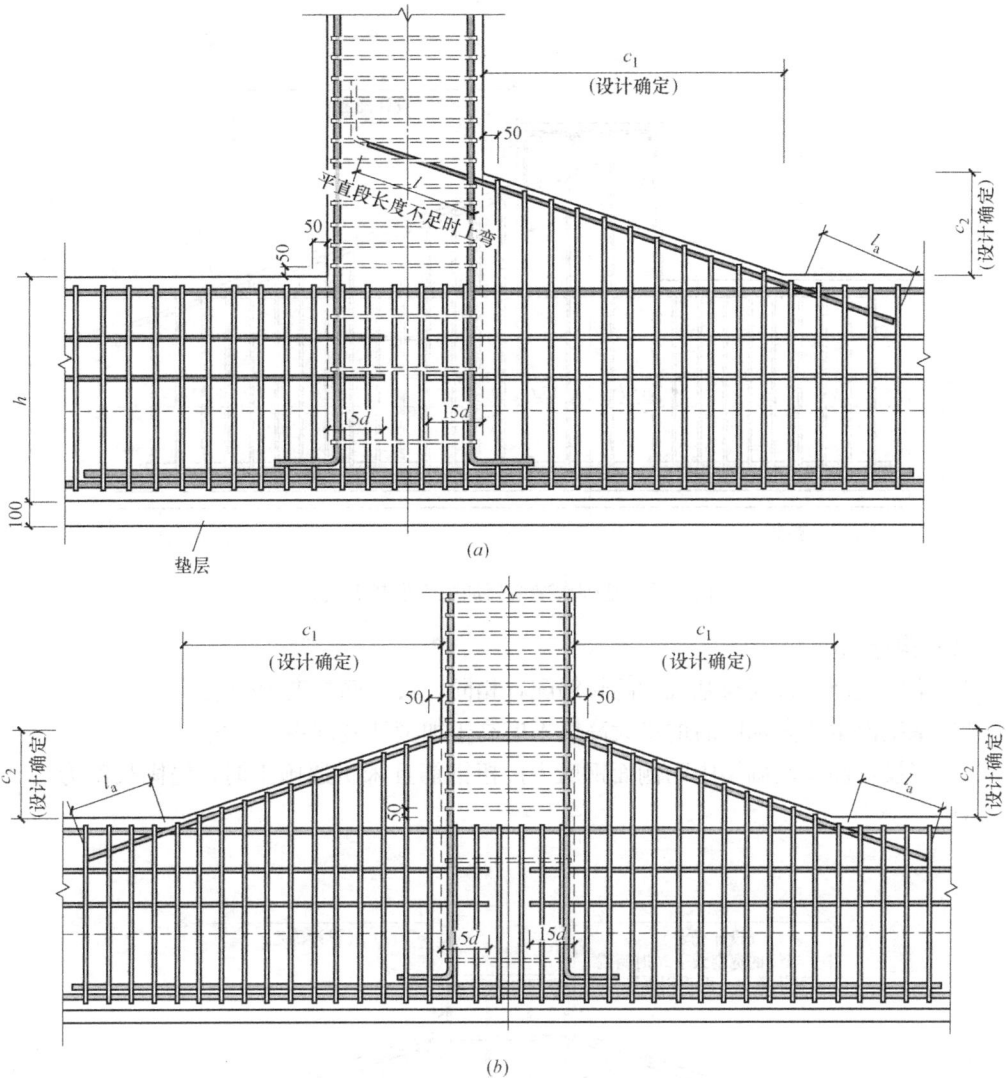

图 2-126　基础主梁梁高加腋钢筋排布构造

(*a*) 基础主梁一侧加腋；(*b*) 基础主梁两侧加腋

15. 基础次梁梁高加腋钢筋排布构造

（1）构造一

1）梁腋范围的箍筋与基础梁的箍筋配置相同，仅箍筋高度为变值。

2）当基础主梁一侧有次梁梁高加腋且基础主梁高度不能满足次梁加腋纵筋锚入时，可将斜纵筋弯折成平段并伸过梁中线后向下弯折，水平段长度不小于 $0.6l_{ab}$，弯折长度为 $15d$。

3）基础次梁梁高加腋后的最大高度不应高于加腋处基础主梁高度。

4）当设计注明基础梁中的侧面钢筋为抗扭钢筋且未贯通施工时，锚固长度为 l_a（图 2-127）。

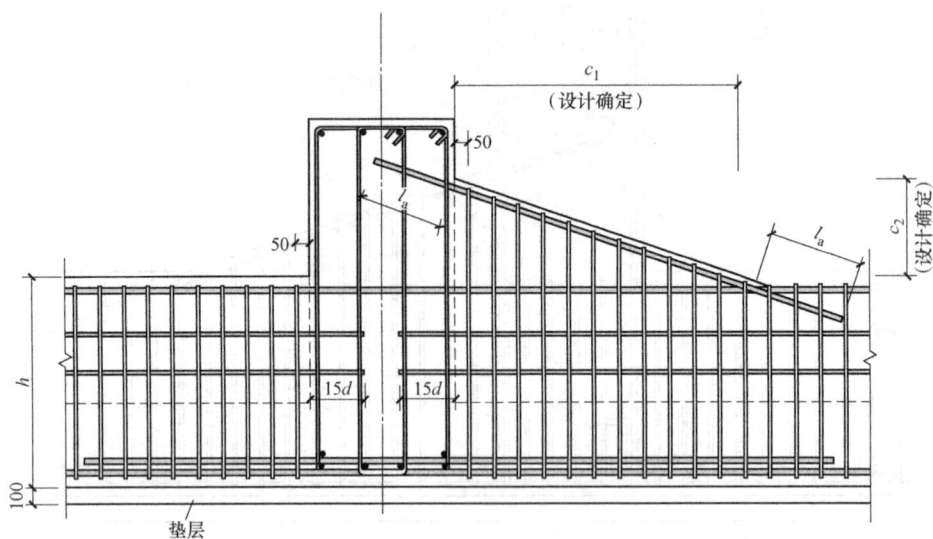

图 2-127　基础次梁梁高加腋钢筋排布构造一

（2）构造二

1）梁腋范围的箍筋与基础梁的箍筋配置相同，仅箍筋高度为变值。

2）基础次梁梁高加腋后的最大高度不应高于加腋处基础主梁高度。

3）当设计注明基础梁中的侧面钢筋为抗扭钢筋且未贯通施工时，锚固长度为 l_a（图 2-128）。

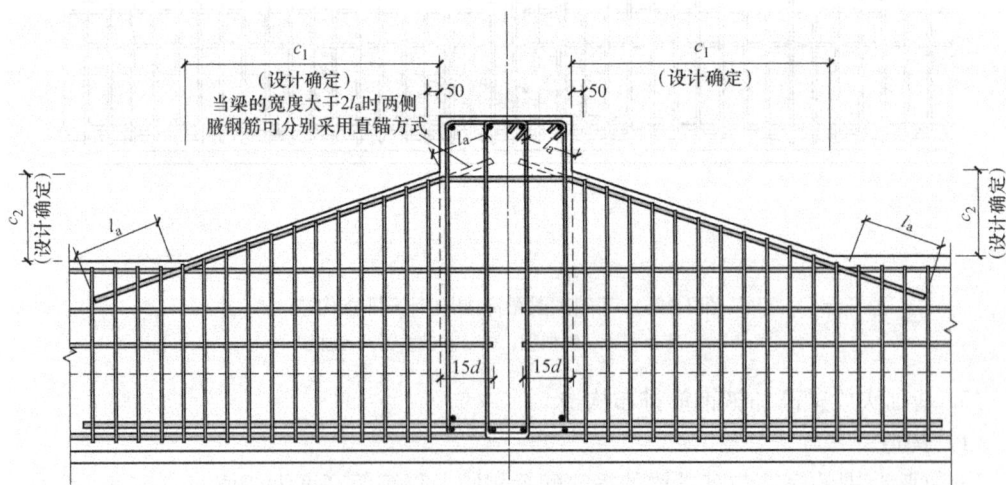

图 2-128　基础次梁梁高加腋钢筋排布构造二

16. 基础主梁与基础次梁相交处附加横向钢筋排布构造

基础主梁与基础次梁相交处附加横向钢筋排布构造如图 2-129 所示。

17. 基础梁相交区域箍筋排布构造

基础梁相交区域箍筋排布构造如图 2-130 所示。

114

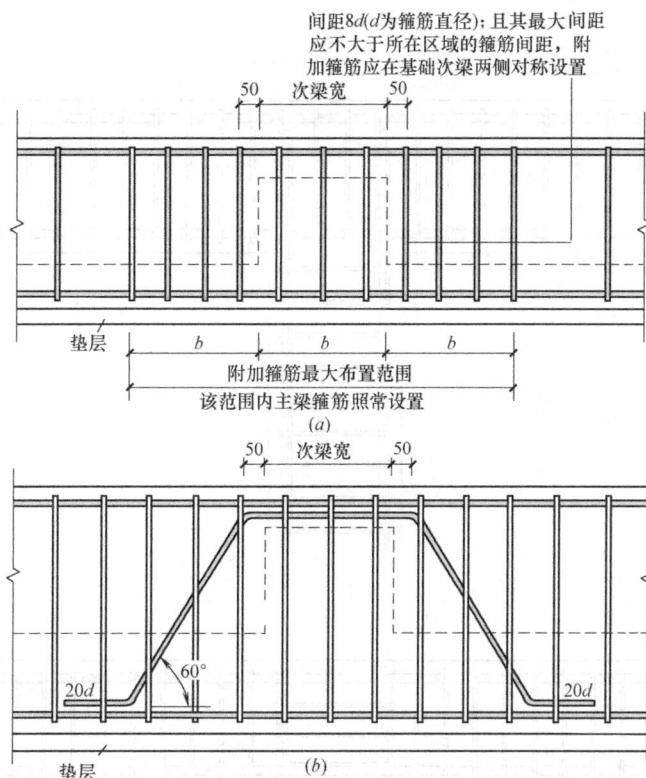

图 2-129　基础主梁与基础次梁相交处附加横向钢筋排布构造

（a）基础主梁与基础次梁相交处附加箍筋排布构造；（b）基础主梁与基础次梁相交处反扣钢筋排布构造

注：1. 反扣的钢筋高度应根据主梁高度推算。
　　2. 反扣钢筋顶部平直段与基础主梁顶部纵筋之间的净距离应满足规范要求，当空间不能满足时，应将反扣钢筋顶部平直段置于下一排，但不应低于次梁的顶面标高。
　　3. 反扣钢筋范围内的箍筋照设。

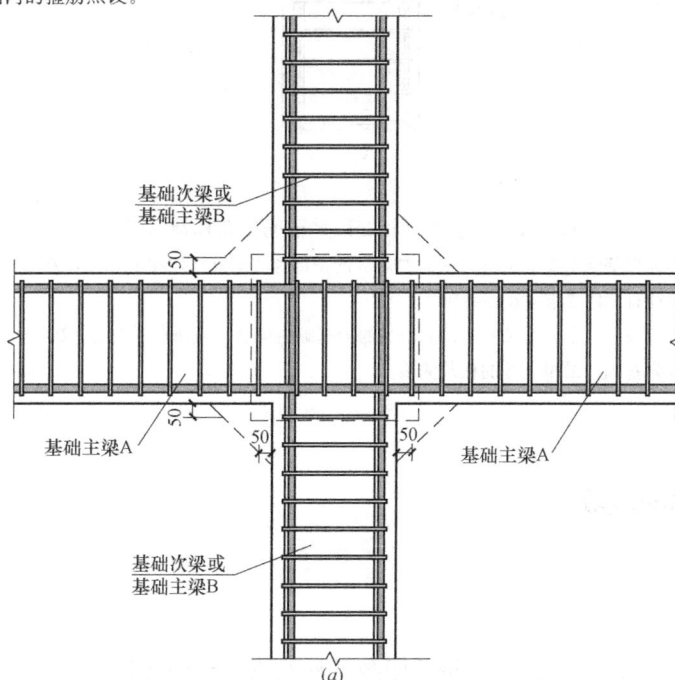

图 2-130　基础梁相交区域箍筋排布构造

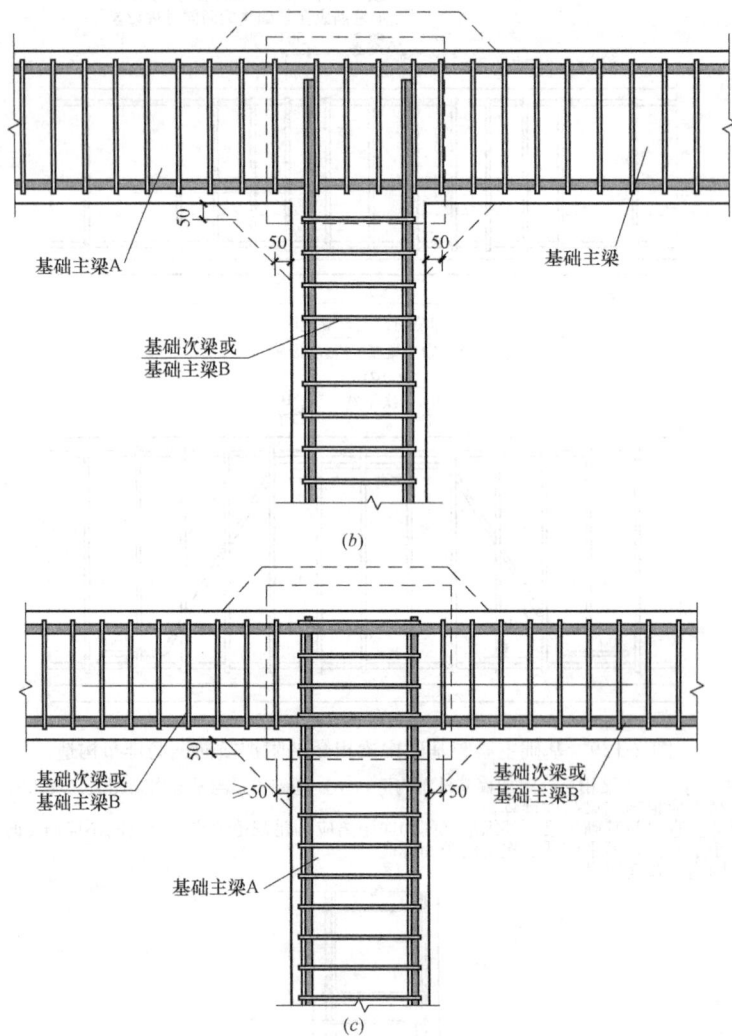

图 2-130 基础梁相交区域箍筋排布构造（续）

注：1. 当两向为等高基础主梁交叉时，基础主梁 A 的顶部和底部纵筋均在上交叉，基础主梁 B 均在下交叉，当设计有具体要求时按设计施工。

2. 当两向不等高基础主梁交叉时，截面较高的为基础主梁 A，截面较低者为基础主梁 B。

3. 图中虚线为基础主梁相交处的柱及侧腋。

2.6 基础钢筋的验收

2.6.1 一般规定

（1）浇筑混凝土之前，应进行钢筋隐蔽工程验收，其内容包括：

1）纵向受力钢筋的牌号、规格、数量、位置；

2）钢筋的连接方式、接头位置、接头数量、接头面积百分率、搭接长度、锚固方式及锚固长度；

3）箍筋、横向钢筋的牌号、规格、数量、间距、箍筋弯钩的弯折角度及平直段长度；

4）预埋件的规格、数量、位置。

钢筋隐蔽工程反映钢筋分项工程施工的综合质量，在浇筑混凝土之前验收是为了确保受力钢筋的加工、连接、安装等满足设计要求。钢筋隐蔽工程验收可与钢筋分项工程验收同时进行。

钢筋验收时，首先检查钢筋牌号、规格、数量，再检查位置偏差，不允许钢筋间距累计下偏差后造成钢筋数量减少。

（2）钢筋进场检验，当满足下列条件之一时，其检验容量可扩大一倍：

1）经产品认证符合要求的钢筋；

2）同一工程、同一厂家、同一牌号、同一规格的钢筋、成型钢筋，连续三次进场检验均一次检验合格。

（3）钢筋工程五种不验收情形：

1）钢筋绑扎未完成不验收；

2）钢筋定位措施不到位不验收；

3）钢筋保护层垫块不合格、达不到要求不验收；

4）钢筋纠偏不合格不验收；

5）钢筋绑扎未严格按技术交底施工不验收。

2.6.2 材料验收

（1）钢筋进场时，应按国家现行相关标准的规定抽取试件做屈服强度、抗拉强度、伸长率、弯曲性能和重量偏差检验。检验结果必须符合相关标准的规定。

检查数量：按进场批次和产品的抽样检验方案确定。

检验方法：检查质量证明文件和抽样复验报告。

钢筋的进场检验，应按照现行国家标准《钢筋混凝土用钢　第 1 部分：热轧光圆钢筋》（GB 1499.1—2008）《钢筋混凝土用钢　第 2 部分：热轧带肋钢筋》（GB 1499.2—2007）规定的组批规则、取样数量和方法进行检验，检验结果应符合上述标准的规定。一般钢筋检验断后伸长率即可，牌号带 E 的钢筋检验最大力下伸长率。钢筋的质量证明文件主要为产品合格证和出厂检验报告。

注意

1）进场钢筋原材上钉设的铭牌上的信息应与质量证明材料上的信息相对应，否则，应要求材料供应商出具和铭牌信息相对应的质量证明材料或对进场的钢筋原材做退场处理。

2）钢筋的直径检验：钢筋的直径可以用游标卡尺测量。

钢筋直径的偏差符合《钢筋混凝土用钢　第 1 部分：热轧光圆钢筋》（GB 1499.1—2008）、《钢筋混凝土用钢　第 2 部分：热轧带肋钢筋》（GB 1499.2—2007）的要求，见表 2-8、表 2-9。

热轧光圆钢筋允许偏差（参照 GB 1499.1—2008）

表 2-8

公称直径 d(mm)	允许偏差(mm)
6(6.5)	
8	
10	±0.3
12	
14	
16	
18	±0.4
20	
22	

热轧带肋钢筋允许偏差（参照 GB 1499.2—2007）

表 2-9

公称直径 d(mm)	内径 d_1(mm)	
	公称尺寸	允许偏差
6	5.8	±0.3
8	7.7	
10	9.6	
12	11.5	
14	13.4	±0.4
16	15.4	
18	17.3	
20	19.3	
22	21.3	±0.5
25	24.2	
28	27.2	
32	31.0	±0.6
36	35.0	
40	38.7	±0.7
50	48.5	±0.8

（2）成型钢筋进场时，应抽取试件做屈服强度、抗拉强度、伸长率和重量偏差检验，检验结果必须符合相关标准的规定。

检查数量：同一工程、同一类型、同一原材料来源、同一组生产设备生产的成型钢筋，检验批量不应大于 30t。

检验方法：检验质量证明文件和抽样复验报告。

增加成型钢筋抽样复验规定，考虑到目前钢筋场外加工的实际情况，规定按 30t 一批抽样检验屈服强度、抗拉强度、伸长率和重量偏差。成型钢筋的类型指箍筋、纵筋、焊接网、钢筋笼等。同一原材料来源指成型钢筋加工所用钢筋为同一企业生产；同一生产设备指成型钢筋加工设备。成型钢筋的质量证明文件主要为产品合格证和出厂检验报告。

钢筋抽样复验要注意的问题：

1）抽样复验人员应经过专业培训并持证上岗。

2）抽样复验应在现场监理人员见证下进行。

3）抽样结果出来前不可提前加工钢筋或使用于其他部位，以免造成不必要的损失。

4）为不耽误工程进度，抽样复验应提前进行。

5）钢筋原材复试不合格的，应及时做退场处理，钢筋退场时应做好文字记录并留存影像资料。

6）钢筋单位长度重量偏差见表 2-10。

钢筋单位长度重量偏差规定（参照 GB 50666—2011）　　　　　表 2-10

公称直径 d(mm)	实际重量与理论重量的偏差
≤12	±7%
14～20	±5%
≥22	±4%

重量偏差计算公式：重量偏差＝[试样实际总重量－（试样总长度×理论重量）/试样总长度×理论重量]×100%

7）钢筋抽样时，应从检验批中随机选出两根钢筋截取，每根切取拉伸和弯曲试样各 1 根，截取试样前先截掉钢筋端部 500～1000mm 再截取试样。切口应平滑且与长度方向垂直。

8）钢筋试样截取完成后，应用钢丝绑好扎牢，防止不同直径钢筋混淆，拉伸试样一般为 450～500mm，弯曲试样一般为 250～300mm。

（3）对按一、二、三级抗震等级设计的框架和斜撑构件（含梯段）中的纵向受力普通钢筋应采用 HRB335E、HRB400E、HRB500E、HRBF335E、HRBF400E 或 HRBF500E 钢筋，其强度和最大力下总伸长率的实测值应符合下列规定：

1）钢筋的抗拉强度实测值与屈服强度实测值的比值不应小于 1.25。

2）钢筋的屈服强度实测值与屈服强度标准值的比值不应大于 1.30。

3）钢筋在最大力下总伸长率不应小于 9%。

检查数量：按进场的批次和产品的抽样检验方案确定。

检验方法：检查抽样复验报告。

对有抗震设防要求的重要结构材料（框架梁、柱和斜撑构件），其纵向受力钢筋要求应有足够的延性。钢筋的抗拉强度实测值与屈服强度实测值的比值（简称强屈比）不应小于 1.25 和钢筋最大力下总伸长率不应小于 9%，即要求钢筋应具有足够的延伸率；钢筋的屈服强度实测值与屈服强度标准值的比值（简称超屈强比）不应大于 1.30，即要求钢筋不应超强太多。

（4）钢筋原材料验收的其他规定：

1）钢筋应平直、无损伤，表面不得有裂纹、油污、颗粒状或片状老锈。

检查数量：全数检查。

检验方法：观察。

钢筋进场时和使用前均应加强外观质量的检查、弯曲不直或经弯折损伤、有裂纹的钢筋不得使用；表面有油污、颗粒状或片状老锈的钢筋亦不得使用，以防止影响钢筋握裹力锚固性能。

2）钢筋焊接网和焊接骨架的焊点压入深度、开焊点数量、漏焊点数量及尺寸偏差应符合现行行业标准《钢筋焊接及验收规程》（JGJ 18—2012）的有关规定。

检查数量：按进场或生产的批次和产品的抽样检验方案确定。

检验方法：观察、尺量检查。

3）钢筋锚固板及配件进场时，应按现行行业标准《钢筋锚固板应用技术规程》（JGJ 256—2011）的相关规定进行检验，其检验结果应符合该标准的规定。

检查数量：按现行行业标准《钢筋锚固板应用技术规程》（JGJ 256—2011）的规定确定。

检验方法：检查质量证明文件和抽样复验报告。

钢筋锚固板质量要求及应用应符合现行国家标准《钢筋锚固板应用技术规程》（JGJ 256—2011）的规定。

2.6.3 钢筋加工

（1）钢筋弯折的弯弧内直径应符合下列规定：

1）光圆钢筋，不应小于钢筋直径的 2.5 倍。

2）HRB335、HRB400 带肋钢筋，不应小于钢筋直径的 4 倍。

3）HRB500 级带肋钢筋，当直径为 28mm 以下时不应小于钢筋直径的 6 倍。当直径为 28mm 及以上时不应小于钢筋直径的 7 倍。

4）箍筋弯折处尚不应小于纵向受力钢筋直径（图 2-131）。

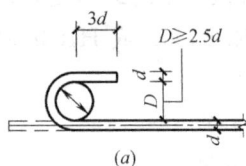

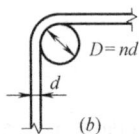

图 2-131 钢筋弯折的弯弧内直径要求

(a) 光圆钢筋末端 180°弯钩；
(b) 末端 90°弯折

检查数量：按每工作班同一类型钢筋、同一加工设备抽查不应少于 3 件。

检验方法：尺量检查。

钢筋加工时应严格按规定执行，防止因弯弧内直径太小使钢筋弯折后弯弧外侧出现裂缝，影响钢筋受力或锚固性能。

（2）箍筋、拉筋的末端应按设计要求做弯钩，并应符合下列规定：

1）对一般结构构件，箍筋弯钩的弯折角度不应小于 90°，弯折后平直段长度不应小于箍筋直径的 5 倍；对有抗震设防要求或设计有专门要求的结构构件，箍筋弯钩的弯折角度不应小于 135°，弯折后平直段长度不应小于箍筋直径的 10 倍和 75mm 两者之中的较大值（图 2-132）。

2）圆形箍筋的搭接长度不应小于其受拉锚固长度，且两末端均应做不小于 135°的弯钩，变折后平直长度对一般结构构件不应小于箍筋直径的 5 倍，对有抗震设防要求的结构构件不应小于箍筋直径的 10 倍和 75mm 的较大值（图 2-133）。

3）拉筋用做梁、柱复合箍筋中单肢箍筋或梁腰筋间拉结筋时，两端弯钩的弯折角度

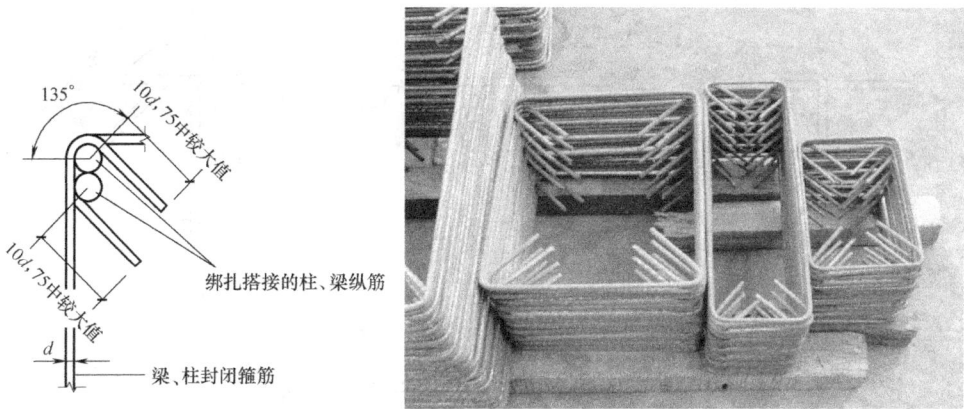

图 2-132 箍筋弯钩示意图和实物图

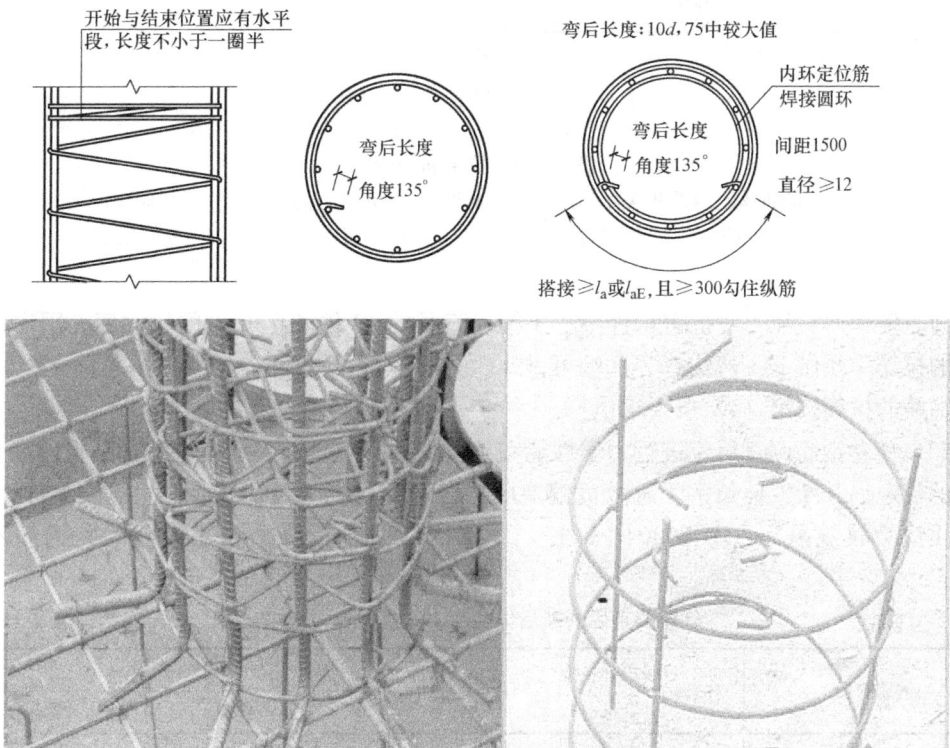

图 2-133 圆形箍筋构造要求和实物

不应小于135°，弯折后平直段长度应符合第1）条对箍筋的有关规定（图2-134）。

检查数量：按每工作班同一类型钢筋、同一加工设备抽查不应小于3件。

检验方法：尺量检查。

一般结构构件箍筋弯钩角度不小于90°，弯钩平直部分长度不小于箍筋直径的5倍；有抗震设防要求的结构构件及设计有专门要求或纵向配筋率大于3%的柱，箍筋弯钩角度不小于135°，弯钩平直部分长度不小于箍筋直径的10倍和75mm的较大值；圆形箍筋的搭接长度要求不小于钢筋的锚固长度，其末端弯钩角度不小于135°，平直部分长度一般

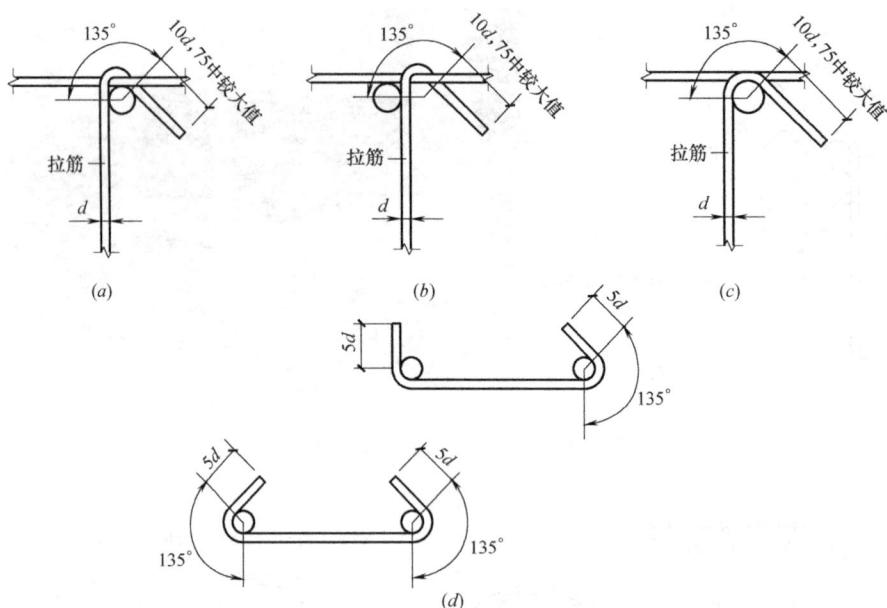

图 2-134 拉结筋构造

(*a*) 拉筋同时勾住纵筋和箍筋；(*b*) 拉筋紧靠纵向钢筋并勾住箍筋；(*c*) 拉筋紧靠箍筋
并勾住纵筋；(*d*) 用于剪力墙分布钢筋的拉结，宜同时勾住外侧水平及竖向分布钢筋

构件为 5 倍箍筋直径，对抗震构件不小于箍筋直径的 10 倍和 75mm 的较大值；固定钢筋位置的拉筋一端做 135°弯钩，另一端可做 90°弯钩。弯钩平直部分长度为拉筋直径的 5 倍；对做箍筋的拉筋按第（1）条要求执行。

（3）盘卷钢筋调直后应进行力学性能和重量偏差的检验，其强度应符合现行国家有关标准的规定，其断后伸长率、重量负偏差应符合表 2-11 的规定［参照《混凝土结构工程施工质量验收规范》（GB 50204—2015）］。重量负偏差不符合要求时，调直钢筋不得复检。

盘卷调直后的断后伸长率、重量负偏差要求   表 2-11

钢筋牌号	断后伸长率 A(%)	重量负偏差(%)	
		直径 6~12mm	直径 14~20mm
HPB300	≥21	≤10	—
HRB335、HRBF335	≥16	7	≤6
HRB400、HRBF400	≥15		
RRB400	≥13		
HRB500、HRBF500	≥14		

注：1. 断后伸长率 A 的量测标距为 5 倍钢筋直径。

    2. 重量负偏差（%）按公式 $(W_0 - W_d)/W_0 \times 100\%$ 计算；其中 W_0 为钢筋理论重量（kg），取理论重量（kg/m）与试样调直后

长度之和（m）的乘积；W_d 为 3 个钢筋试件的重量之和（kg）。

122

检查数量：同一厂家、同一牌号、同一规格调直钢筋，重量不大于 30t 为一批；每批见证取 3 件试件。当连续三批检验均一次合格时，检验批的容量可扩大为 60t。

检验方法：3 个试件先进行重量偏差检验，再取其中 2 个试件经时效处理后进行力学性能检验。检验重量偏差时，试件切口应平滑并与长度方向垂直，且长度不应小于500mm；长度和重量的量测精度分别不应低于 1mm 和 1g。

钢筋冷拉调直后的时效处理可采用人工时效方法，即将试件在沸水中煮 60min，然后在空气中冷却至室温。

（4）钢筋加工的其他规定：

1）钢筋加工的形状、尺寸应符合设计要求，其偏差应符合表 2-12 的规定。

检查数量：按每工作班同一类型钢筋；同一加工设备抽查不应小于 3 件。

检验方法：尺量检查。

钢筋加工的允许偏差   表 2-12

项　　目	允许偏差(mm)
受力钢筋顺长度方向全长净尺寸	±10
弯起钢筋的弯折位置	±20
箍筋内净尺寸	±5

2）钢筋加工应在进场材料复验合格后进行，加工前项目管理人员应审核钢筋加工开料单是否正确无误，并及时对加工成型的第一批钢筋进行检查验收。检查发现的问题，要求钢筋加工制作人员及时进行整改，并且要定期对钢筋加工制作进行检查。加工制作不合格的钢筋严禁使用到分项工程当中。

3）钢筋下料

① 下料原则：汇集每批要切断的钢筋料牌，将同规格的钢筋分别统计，按不同长度进行长短搭配，统筹配料。先断长料，后断短料，减少短头，减少损耗。

② 钢筋切断时应首先核对配料单，检查料单钢筋尺寸与实际成型的尺寸是否相符，检查和测量所用工具或标志的准确性，检查定尺挡板的牢固和可靠性。对根数较多的批量切断，在正式操作前应试切 2～3 根，以检验长度的准确度。现场钢筋切断，采用钢筋切断机。

③ 在工作台设置控制下料长度的限位挡板，准确控制钢筋的下料长度。

④ 钢筋切断时，钢筋和切断机刀口要成垂线，并严格执行操作规程，确保安全。在切断过程中，如发现钢筋有劈裂、缩头或严重的弯头，必须切除。

⑤ 钢筋弯曲成型

A. 根据下料单上要求的式样和尺寸分隔划线，划线和弯曲成型还应结合板距大小以及弯曲调整值的取用等实际经验，并在弯曲操作方向相反的一侧内扣除。试弯曲成型后，要检查长度和角度的准确性，作为试弯数据为下一步提供成型依据。

B. 钢筋弯折和弯钩的弯曲直径和平直长度取值不能随意，必须在操作前进行核对和弯曲成型试操作。

C. 弯曲钢筋时扳子必须托平，不可上下摆动，以免弯成的钢筋不在一个平面上，发生翘曲现象。

D. 起弯时用力要慢，结束时要稳，要掌握好弯曲位置以免弯过头或没有弯到要求角度。

（5）钢筋加工措施

1）钢筋原材及半成品分规格码放整齐，并有标识牌，标明钢筋直径、规格尺寸、使用部位及检验状态（合格、不合格、待检），内容要详细。标识牌及堆放如图 2-135 所示。

| 垛　　　号：_____ |
| 产　　　地：_____ |
| 规　　　格：_____ |
| 品　　　种：_____ |
| 数　　　量：_____ |
| 复试报告编号：_____ |
| 质　量　状　态：_____ |

图 2-135　钢筋标识牌及加工箍筋堆放

2）作为定位措施使用的各种支撑钢筋端头一律采用无齿锯切割，不得有"飞边、毛刺"，两头应刷防锈漆，分类集中堆放，便于检查（图 2-136）。

3）加工标准挂牌于现场，加工前有详细的技术交底及加工翻样图，分别明示于各自的操作台前（图 2-137）。

4）HPB300 级钢筋冷拉率不应大于 4%，根据后台场地面积的大小，要明确标出张拉前、张拉后的钢筋位置及长度（图 2-138）。

2.6.4　钢筋连接与安装

（1）钢筋连接方式应该根据设计要求和施工条件使用。

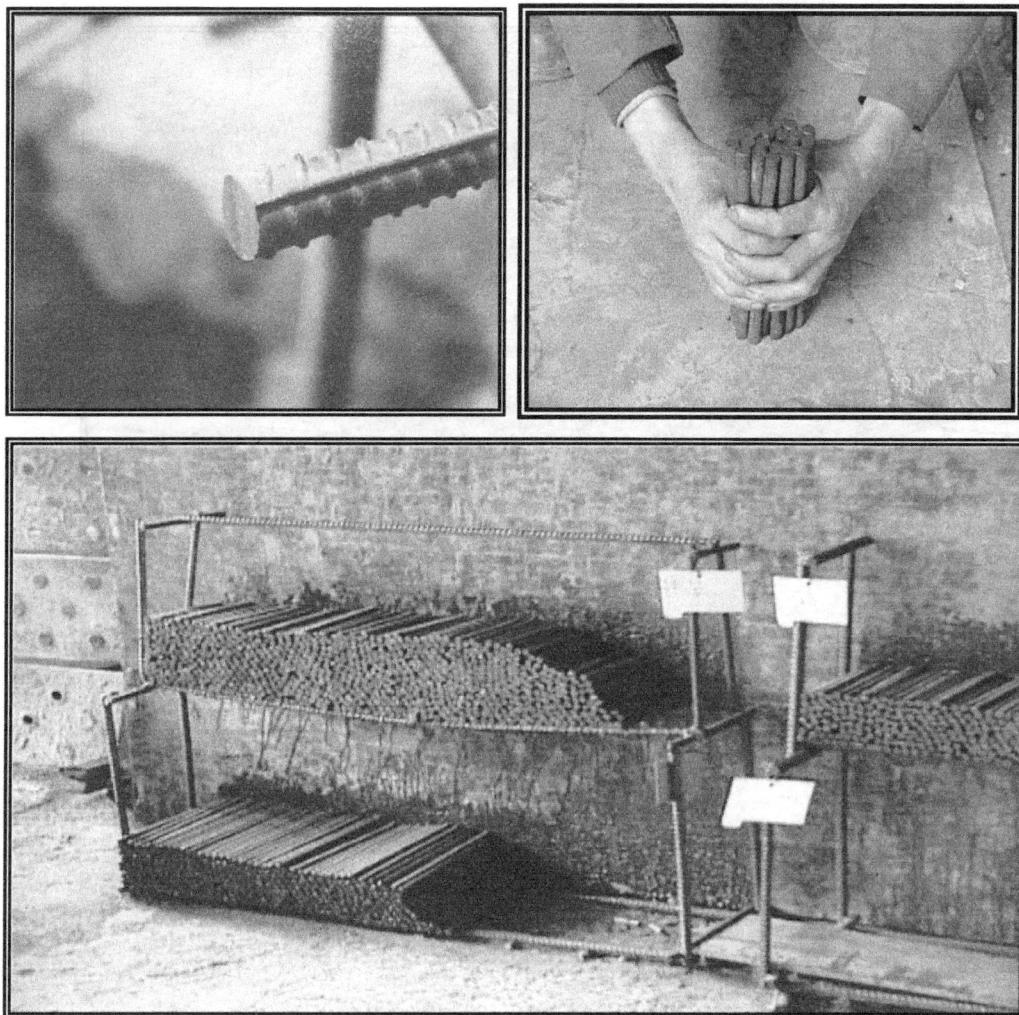

图 2-136　支撑钢筋端头的切割、防锈、堆放

（2）当钢筋采用机械锚固措施时，应符合现行国家标准《混凝土结构设计规范》（GB 50010—2010）等的有关规定。

（3）钢筋的接头宜设置在受力较小处。同一纵向受力钢筋不宜设置两个或两个以上的接头。接头末端距钢筋弯起点的距离不应小于钢筋公称直径的 10 倍。

（4）钢筋机械连接应符合现行行业标准《钢筋机械连接技术规程》（JGJ 107—2016）的有关规定。钢筋套筒连接质量控制要点：

图 2-137　操作台前挂牌

1）螺纹加工应随工程进度随制随用，不宜过早的加工好。因钢筋在轧制过程中裸露的新鲜表面极易被锈蚀，影响连接质量，造

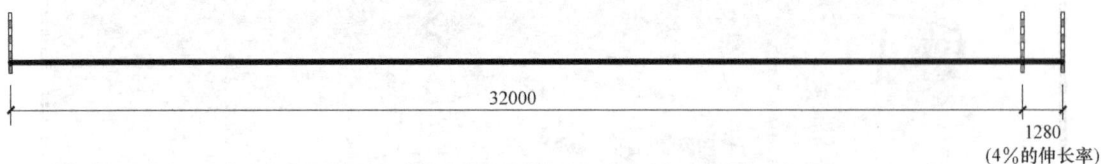

图 2-138 HPB300 级钢筋冷拉标准挂牌

成施工困难。

2）雨期或长期堆放情况下，应对丝头进行覆盖防锈。丝头、套筒及锁母在运输和储存过程中应妥善保护，避免雨淋、沾污、遭受机械损伤或散失。

3）连接质量控制要点

① 套筒两端处外露的钢筋丝扣圈数不能太多，也不能一点螺扣也不外露；如果一点也不外露，就不能保证钢筋两端互相顶紧贴合。

② 套筒和钢筋相互旋合时，保证达到规定的拧紧力矩值；只要达到规定的力矩值，使螺纹之间的配合间隙消除，即可满足接头强度和变形的要求；拧紧力矩过大或不足，对接头的连接均是不利的。

4）机械连接接头的混凝土保护层厚度宜符合现行国家标准《混凝土结构设计规范》（GB 50010—2010）中受力钢筋最小保护层厚度的规定，且不得小于 15mm；接头之间的横向净距不宜小于 25mm。钢筋套筒连接时，外留丝扣不能超过 2 个，钢筋切口应平齐。钢筋套筒连接时，先取下连接端的塑料保护帽，检查丝扣是否完好无损，规格与套筒是否一致，确认无误后，用力矩扳手按规定的力矩值，拧紧钢筋接头，当听到扳手发出"咔哒"声时，表明钢筋接头已被拧紧，做好标记，以防钢筋接头漏拧。

（5）钢筋焊接连接应符合现行行业标准《钢筋焊接及验收规程》（JGJ 18—2012）的有关规定。

126

1) 钢筋闪光对焊质量控制要点

① 闪光对焊的钢筋端头应顺直，150mm 范围内的铁锈、污物等应清除干净，两根钢筋轴线偏差不得超过 0.5mm。

② 不同直径的钢筋焊接时，其直径差不宜大于 2~3mm。焊接时，按大直径钢筋选择焊接参数。

③ 焊接场地应有防风、防雨措施，使室内保持 0℃以上，焊后接头部位应采用石棉粉保温，避免接头冷淬脆裂。

④ 雨天、雪天不宜在现场进行施焊；必须施焊时，应采取有效遮蔽措施。焊后未冷却接头不得碰到冰雪。在现场进行闪光对焊或电弧焊，当风速超过 7.9m/s 时，应采取挡风措施。

2) 钢筋电渣压力焊质量控制要点

① 电渣压力焊的钢筋端头应顺直，150mm 范围内的铁锈、污物等应清除干净，两钢筋轴线偏差不得超过 0.5mm。

② 采用自动电渣压力焊时，应预先调试好控制箱的电流、电压时间信号，并事先试焊几次，以考核焊接参数的可靠性，再批量焊接。

③ 电渣压力焊接头外观检查结果，应符合下列要求：

A. 四周焊包凸出钢筋表面的高度不得小于 4mm。

B. 钢筋与电极接触处无烧伤缺陷。

C. 接头处的弯折角不得大于 4°。

D. 接头处的轴线偏移不得大于钢筋直径的 0.1 倍，且不得大于 2mm。

（6）焊接工作电压和焊接时间是两个重要焊接参数，在施焊时不得任意变更参数。当变化其他品种、规格的钢筋进行焊接时，其焊接工艺的参数亦应相应调整，经试验、鉴定合格后方可采用（表 2-13）。

电渣压力焊工作参数表 表 2-13

钢筋直径 (mm)	焊接电流 (A)	焊接电压（V）		焊接通电时间(s)	
		电弧过程 $u_{2.1}$	电渣过程 $u_{2.2}$	电弧过程 t_1	电渣过程 t_2
14	200~220			12	3
16	200~250			14	4
18	250~300			15	5
20	300~350			17	5
22	350~400	35~45	22~27	18	6
25	400~450			21	6
28	500~550			24	6
32	600~650			27	6
36	700~750			30	7
40	850~900			33	8

（7）钢筋电弧焊质量控制要点

1) 施焊前，钢筋的装配与定位应符合下列要求：

① 采用绑条焊时，两主筋面之间隙为 2~5mm。

② 采用搭接焊时，钢筋的预弯和安装，应保证两钢筋的轴线在同一直线上；

③ 绑条和主筋之间用四点定位焊固定，搭接焊时，用两点固定，定位焊缝应离绑条或搭接端部 20mm 以上。

2) 施焊时引弧应在绑条或搭接钢筋的一端开始，收弧应在绑条或搭接钢筋端头上，弧坑应填满。多层施焊时，第一焊缝应有足够的熔深，主焊缝与定位焊缝特别是在定位焊缝的始端与终端应熔合良好。

3) 钢筋接头采用绑条焊或搭接焊时，焊缝长度不应小于绑条或搭接长度，焊缝高度 $h \geqslant 0.3d$，并不得小于 4mm，焊缝宽度 $b \geqslant 0.7d$，并不得小于 10mm。钢筋焊接焊工必须持证操作，施焊前应进行现场条件下的焊接工艺试验，试验合格后方可正式施焊（图 2-139、图 2-140）。

图 2-139 电渣压力焊

图 2-140 电渣压力焊对比

（8）当纵向受力钢筋采用机械连接接头或焊接接头时，设置在同一构件内的接头宜相互错开。柱第一个钢筋接头位置距离嵌固部位不小于柱净高的 1/3。基础连续梁、板的上部钢筋接头位置宜设置在梁端 1/4 跨度范围内，下部钢筋接头位置宜设置在跨中 1/3 跨度范围内（图 2-141）。

顶部贯通纵筋在连接区内采用搭接、机械连接或焊接,同一连接区段内接头面积百分率不宜大于50%,当钢筋长度可穿过一连接区到下一连接区并满足连接要求时,宜穿越设置

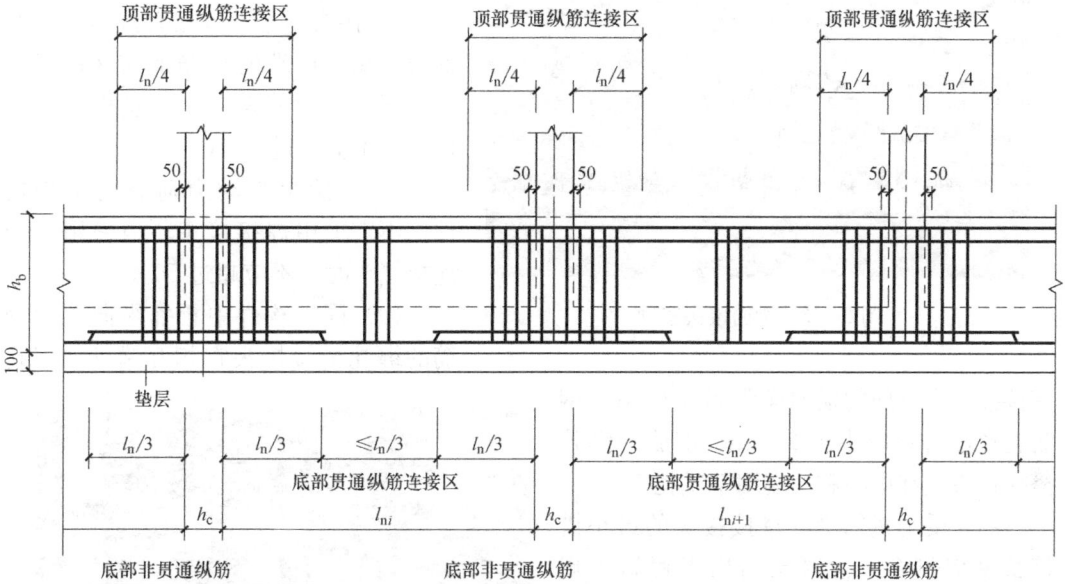

底部贯通纵筋在其连接区内采用搭接、机械连接或焊接,同一连接区段内接头面积百分率不宜大于50%,当钢筋长度可穿过一连接区到下一连接区并满足连接要求时,宜穿越设置

注：1. 跨度值 l_n 为左跨 l_{ni} 和右跨 l_{ni+1} 之较大值，其中 $i=1,2,3……$。
2. 节点区内箍筋按梁端箍筋设置，梁相互交叉宽度内的箍筋按截面高度较大的基础梁设置，同跨箍筋有两种时，各自设置范围按具体设计注写。
3. 当两毗邻跨的底部贯通纵筋配置不同时 应将配置较大一跨的底部贯通纵筋越过其标注的跨数终点或起点，伸至配置较小的毗邻跨的跨中连接区进行连接。

图 2-141 基础梁纵向钢筋与箍筋构造

纵向受力钢筋机械连接接头及焊接接头连接区段的长度应为 $35d$（d 为纵向受力钢筋的较大直径）且不应小于 500mm，凡接头中点位于该连接区段长度内的接头均属于同一连接区段。同一连接区段内，纵向受力钢筋接头面积百分率为区段内有接头的纵向受力钢筋截面面积与全部纵向受力钢筋截面面积的百分比值。

同一连接区段内，纵向受力钢筋的接头面积百分率应符合图 2-142～图 2-144 的规定。

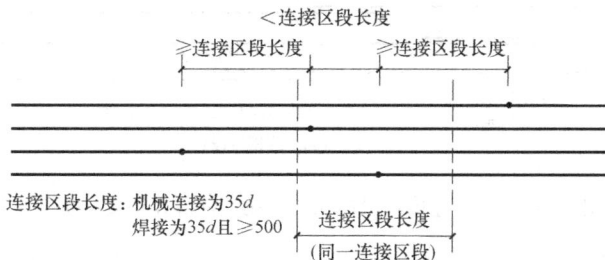

图 2-142 同一连接区段内纵向受拉钢筋机械连接、焊接接头要求

图 2-143　梁筋接头实例

1）在受拉区不宜超过 50%，但装配式混凝土结构构件连接处可根据实际情况适当放宽；受压接头可不受限制。

2）接头不宜设置在有抗震要求的框架梁端、柱端的箍筋加密区；当无法避开时，对等强度高质量机械连接接头，不应超过 50%。

3）直接承受动力荷载的结构构件，不宜采用焊接接头；当采用机械连接接头时，不应超过 50%。

（9）同一构件中相邻纵向受力钢筋的绑扎搭接接头宜相互错开。绑扎搭接接头中钢筋的横向净距 S 不应小于钢筋直径，且不应小于 25mm。钢筋的绑扎搭接接头应在中心和两端用钢线扎牢。

纵向受力钢筋绑扎搭接接头的最小搭接长度应符合《混凝土结构工程施工规范》（GB 50666—2011）附录 D 的规定。

纵向受力钢筋绑扎搭接接头连接区段的长度应为 $1.3l_1$（l_1 为搭接长度），凡搭接接头中点位于该连接区段长度内的搭接接头均应属于同一连接区段。同一连接区段内，纵向受力钢筋接头面积百分率为该区段内有接头的纵向受力钢筋截面面积与全部纵向受力钢筋截面面积的比值（图 2-145）。

图 2-144　柱筋机械连接接头实例

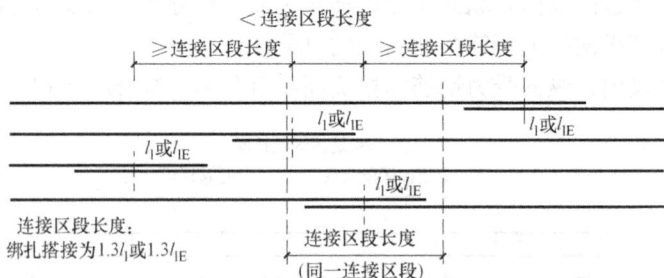

图 2-145　同一连接区段内纵向受拉钢筋绑扎搭接接头要求

同一连接区段内，纵向受拉钢筋绑扎搭接接头面积百分率应符合下列规定：

1）梁、板类构件不宜超过 25%，基础筏板不宜超过 50%（图 2-146）。

图 2-146　梁、板钢筋搭接连接接头面积百分率

2）柱类构件，不宜超过 50%（图 2-147）。

图 2-147　柱钢筋搭接连接

3）当工程中确有必要增大接头面积百分率时，对梁类构件，不应大于 50%；对其他构件，可根据实际情况适当放宽。

（10）在梁、柱类构件的纵向受力钢筋搭接长度范围内，应按设计要求配置箍筋。当设置无具体要求时，应符合图 2-148 的规定。

1）搭接区内箍筋直径不小于 $d/4$（d 为搭接钢筋最大直径），间距不应大于 100mm 及 $5d$。（d 为搭接钢筋最小直径）

2）钢筋绑扎搭接长度范围内，箍筋应单独加工，弯曲半径增加 1 个钢筋直径，使主筋与箍筋绑扎到位（图 2-149）。

3）当受压钢筋直径大于 25mm 时，尚应在搭接接头两个端面外 100mm 的范围内各设置两道箍筋，其间距宜为 50mm。

（11）钢筋绑扎的细部构造应符合下列规定：

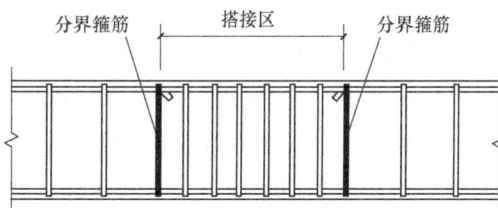

图 2-148　纵向受力钢筋搭接区箍筋构造要求

注：1. 本图用于梁、柱类构件搭接区箍筋设置。

2. 搭接区内箍筋直径不小于 $d/4$（d 为搭接钢筋最大直径），间距不应大于 100mm 及 $5/d$（d 为搭接钢筋最小直径）。

3. 当受压钢筋直径大于 25mm 时，尚应在搭接接头两个端面外 100mm 的范围内各设置两道箍筋。

1）钢筋的绑扎搭接接头应在接头中心和两端用钢丝扎牢（图2-150）。

图2-149 搭接区箍筋要求

2）墙、柱、梁钢筋骨架中各垂直面钢筋网交叉点应全部扎牢；板上部钢筋网的交叉点应全部扎牢，底部钢筋网除边缘部分外可间隔交错扎牢。

3）梁、柱的箍筋弯钩及焊接封闭箍筋的对焊点应沿纵向受力钢筋方向错开设置。构件同一表面，封闭箍筋的对焊接头面积百分率不宜超过50%。

4）梁及柱中箍筋、墙中水平分布钢筋及暗柱箍筋板中钢筋距构件边缘的距离为50mm。

（12）构件交接处的钢筋位置应符合设计要求。当设计无要求时，应优先保证主要受力构件和构件中主要受力方向的钢筋位置。框架节点处梁纵向受力钢筋宜设置于柱纵向钢筋内侧；次梁钢筋宜放在主梁钢筋内侧；剪力墙中水平分布钢筋宜放在外部，并在墙边弯折锚固。

（13）钢筋安装应采用定位件固定钢筋的位置，并宜采用专用定位件。定位件应具有能保证钢筋位置偏差符合国家现行标准的规定。混凝土框架梁、柱保护层内，不宜采用金属定位件。

图2-150 钢筋绑扎搭接细部要求

（14）钢筋安装过程中，设计未允许的部位不宜焊接。如因施工操作原因需对钢筋进行焊接时，焊接质量应符合现行行业标准《钢筋焊接及验收规程》（JGJ 18—2012）的规定。

（15）采用复合箍筋时，箍筋外围应封闭。梁类构件复合箍筋内部宜选用封闭箍筋，单数肢也可采用拉筋；柱类构件复合箍筋内部可部分采用拉筋。当拉筋设置在复合箍筋内部不对称的一边时，沿纵向受力钢筋方向的相邻复合箍筋应交错布置。

（16）钢筋安装应采取可靠措施防止钢筋受模板、模具内表面的隔离剂污染。

（17）悬挑梁钢筋的箍筋一般应加密且开口应向下并错开绑扎。

（18）加工后的直纹锥头应用专用模具检查，直螺纹接头连接后应检查外露丝扣，合格后做好标识。

第 3 章　主体结构钢筋工程施工与验收

3.1　钢筋施工简介

随着社会和人口的不断增长以及人口对居住条件的需求，促使我国对房地产行业不断地进行开发和投资，随着开发和投资的不断深入，城镇建设用地不断减少，为了充分利用有限的建设用地为居民创造更多的住房条件，施工图设计时一般会将房屋设计成多层、中高层、高层和超高层以及附属地下多层的钢筋混凝土结构。随着楼层层数的增多，对钢筋混凝土结构的结构安全性和质量要求越严。而钢筋混凝土结构是充分利用混凝土抗压强度和钢筋抗拉强度的良性结合体，不管是钢筋还是混凝土，两者是有机的结合体，如果两者中有一环节施工出现质量问题，将会降低钢筋混凝土结构的施工质量，进而影响到结构安全，危及人民生命和财产。因钢筋工程属于隐蔽工程范畴，施工中如果出现质量问题，不在过程中加以控制和整改，隐蔽后将难以进行排查和处理，为此，在进行钢筋结构施工时，应重视钢筋施工的过程控制，一经发现问题及时进行控制和整改，尽量将施工质量问题消灭在萌芽状态。

3.2　施工中进场钢筋原材的规定

3.2.1　钢筋进场验收及复试

对进场的钢筋原材施工单位应及时检查其产品质量证明书、出厂检验报告等质量证明材料。进场钢筋原材上钉设的铭牌上的信息应与质量证明材料上的信息相对应，否则，应要求材料供应商出具和钢筋铭牌上信息相对应的质量证明材料，材料供应商未能出具相关质量证明材料的，应及时联系材料供应商对进场的钢筋原材做退场处理。

钢筋原材进场后应安排人员对进场的材料抽样做屈服强度、抗拉强度、弯曲性能、伸长率、重量偏差和直径偏差检验，抽样复试人员应经过专业培训并持证上岗，抽样工作应在现场监理人员见证下进行。抽样复试工作不占用施工总工期，为此，应在施工前提前进行策划。钢筋原材复试不合格的，应及时做退场处理，钢筋退场时应做好文字记录并留存影像资料，如图 3-1、图 3-2 所示。

3.2.2　钢筋原材进场卸载堆放与运输

钢筋原材进场后，可用汽车吊或塔吊进行卸载，但卸载时应控制好每吊起重重量，严禁超出汽车吊或塔吊最大起重重量，以免汽车吊或塔吊出现倾翻等事故。钢

钢筋原材抽样以同一牌号、同一炉罐号、同一尺寸的每60t为一检验批。

截取钢筋原材试样时，应从检验批中随机选出两根钢筋截取，每根切取拉伸和弯曲试样各1根，截取试样前先截掉钢筋端部500~1000mm再截取试样，以真实反映钢筋原材的质量。

图 3-1 钢筋原材现场取样

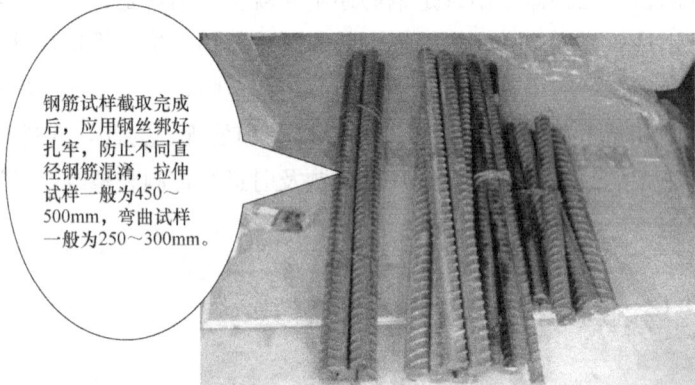

钢筋试样截取完成后，应用钢丝绑好扎牢，防止不同直径钢筋混淆，拉伸试样一般为450~500mm，弯曲试样一般为250~300mm。

图 3-2 截取的钢筋原材样品

筋在吊运时，应设置作业警戒区，并安排专职人员看守，防止非作业人员进入作业区出现安全事故。

钢筋原材堆放场地应平整坚实，应做硬化处理。雨季为了方便雨水的排放，钢筋场地硬化时应做成一定的流水坡度，坡底宜设排水沟。钢筋原材堆放场地宜设置在施工塔吊长臂覆盖范围内，以尽量减少钢筋原材的二次搬运工作，减少人工和施工成本的投入，同时也为了方便工人施工和加快钢筋施工作业进度。

卸载的钢筋原材应分品种、分规格、分型号、分厂家码放在预先施工好的混凝土地垄上或型钢地垄上，严禁不同品种、不同规格、不同型号、不同厂家的钢筋原材混乱堆放在一起，以免造成后续工人加工或施工取错钢材。分类堆放的钢筋原材应在钢筋原材归堆前方分别设置有材料标识牌，材料标识牌应标明钢筋原材的进场时间、数量、规格、型号、施工使用部位、生产厂家、检验状态等信息。为了防止雨水等腐蚀介质对钢筋原材的锈蚀，宜对钢筋原材做相应的覆盖处理，如图3-3、图3-4所示。

不同钢筋原材之间宜设置隔离栏杆，隔离栏杆宜涂刷防锈漆或条纹漆，隔离栏杆布置宜整齐划一，以满足安全文明施工要求。

覆盖帆布条防止钢筋受雨水等介质腐蚀生锈。

图 3-3　型钢地垄堆放钢材

图 3-4　混凝土地垄堆放钢材

3.3　钢筋连接形式

施工中常见的钢筋连接形式有搭接绑扎、焊接、机械连接和搭接焊连接四种。钢筋安装施工前熟悉各种连接形式的操作技术要点，以便更好地完成钢筋安装工作，如图 3-5～图 3-9 所示。

钢筋搭接连接适用于直径不大于 14mm 的钢筋的连接。

图 3-5　钢筋搭接连接

1. 钢筋绑扎搭接连接操作技术要点

（1）钢筋搭接段两端和中部应各绑扎一道铁丝，并绑扎牢固。

（2）当搭接的钢筋为圆钢时，钢筋端部应加工成 90°弯钩。加工成 90°弯钩主要是考虑到圆钢之间摩阻力比较小，钢筋受拉力较大时容易拉脱。

钢筋闪光对焊连接因连接工艺要求高，成型质量不可靠，已逐步被淘汰使用。

钢筋电渣压力焊连接适合用于竖向或斜向(倾斜度4:1范围内)钢筋的连接。不适合用于水平钢筋的连接。

图 3-6　钢筋闪光对焊连接

图 3-7　钢筋电渣压力焊连接

钢筋机械连接适用于直径比较大的钢筋连接。

钢筋搭接焊焊缝连续、均匀、饱满。

图 3-8　钢筋机械连接

图 3-9　钢筋搭接焊连接

2. 钢筋电渣压力焊连接操作技术要点

（1）钢筋正式焊接前应先做焊接工艺试验，试验合格后方可开始大面积施焊。

（2）钢筋电渣压力焊连接应选用合适的夹具，焊接时电流不应过大，也不应过小。

（3）钢筋焊接时，对接的钢筋应垂直同心，并固定牢靠。

（4）钢筋焊接完成后检查发现质量问题的接头，截取问题接头后重新进行焊接。

3. 钢筋机械连接操作技术要点

（1）钢筋机械连接正式连接前应先做机械连接工艺试验，试验合格后方可开始大面积钢筋机械连接。

（2）钢筋机械连接时，对接的钢筋旋入机械套筒内的长度应一致，并确保机械套筒每边各露出不得大于 2 个螺栓的长度。

（3）钢筋机械连接后，应用扭力矩扳手检查连接接头的拧紧扭矩值，拧紧扭矩值应符合表 3-1 的规定。

直螺纹接头安装时的最小拧紧扭矩值   表 3-1

钢筋直径(mm)	≤16	18～20	22～25	28～32	36～40
拧紧扭矩(N·m)	100	200	260	320	360

当检查出直螺纹接头最小扭矩值不符合表 3-1 规定时，应对直螺纹接头重新拧紧，拧紧后重新校核。当拧紧后最小扭矩值仍不符合规定时，应采取其他措施进行处理或设计出处理方案。

4. 钢筋搭接焊连接操作技术要点

（1）钢筋搭接焊正式施工前，应先做焊接工艺检验，检验合格后方可正式开始施焊。

（2）钢筋搭接焊前，钢筋搭接段应稍加工成弯折角度，确保两根钢筋搭接焊后非搭接段钢筋同轴同心，如图 3-10、图 3-11 所示。

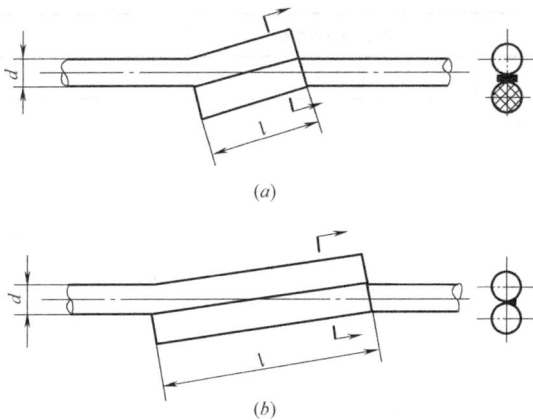

图 3-10 钢筋搭接焊示意图
(a) 双面焊；(b) 单面焊

图 3-11 钢筋搭接焊成品

但在实际施工过程中，因钢筋搭接段弯折角度不好控制，施工单位在施工时常常将两根钢筋直接平行进行搭接焊，如图 3-12 所示。

（3）钢筋搭接焊搭接段长度应符合表 3-2 的规定。

（4）钢筋搭接焊焊缝应均匀连续饱满，当施工中检查发现焊缝不均匀连续饱满时应重新补焊，补焊完成后重新进行验收。

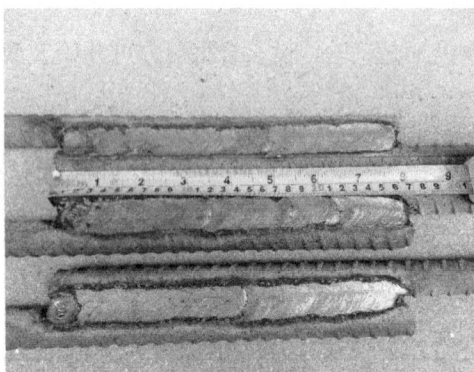

图 3-12　钢筋平行搭接焊

钢筋搭接焊最小搭接长度　表 3-2

钢筋牌号	焊接形式	搭接长度
HPB300	单面焊	≥8d
	双面焊	≥4d
HRB335 HRB400 RRB400	单面焊	≥10d
	双面焊	≥5d

注：d 代表搭接钢筋直径。

3.4　钢筋安装施工准备

（1）编制《钢筋工程专项施工方案》，方案应履行审核审批手续，然后上报监理单位审核，经监理单位审核签字盖章后钢筋安装施工时严格按照《钢筋工程专项施工方案》进行施工。

（2）依据《钢筋工程专项施工方案》和施工组织设计有关钢筋的规定对施工作业人员做好技术交底和安全技术交底工作，交底工作应以书面形式进行，交底人和被交底人应在交底文件上签字确认，交底过程应留有影像资料，见表 3-3。

钢筋工程安全技术交底　表 3-3

施工单位名称		单位工程名称		
施工部位		施工内容		
安全技术交底内容				
施工现场针对性安全交底				
交底人签名		接受交底负责人签名		交底时间
				年 月 日
作业人员签名				

注：本表一式两份，班组自存一份，资料室归档一份。

（3）选择钢筋施工队伍，钢筋施工队伍所属劳务公司应具有相应劳务施工资质，施工作业人员应经专业培训并持证上岗。

（4）根据钢筋施工图纸、相关规范、标准和图集进行钢筋下料，下料应准确、合理，应尽量避免钢筋废料的产生，如图 3-13～图 3-15 所示。

钢筋加工棚应根据现场施工实际情况安装制作，钢筋加工棚宜设置在施工塔吊运输范围内，以减少材料的二次搬运工作。钢筋加工区域应用隔离栏进行隔离，非操作人员严禁入内。钢筋加工棚内应挂设有安全警示标志牌、钢筋加工作业操作规程牌和安全管理制度牌等。

钢筋加工区应制作钢筋加工棚，严禁工人露天进行钢筋下料。钢筋下料前，应对下料人员做技术交底和安全技术交底，并留有影像资料。

图 3-13　钢筋下料

图 3-14　钢筋加工棚

钢筋加工成品应分类码放整齐且宜做架空处理并有防雨措施，以免钢筋加工成品锈蚀。

图 3-15　钢筋加工成品

（5）项目部管理人员定期对钢筋加工和制作进行检查，检查发现的问题，要求钢筋加工制作人员及时进行整改。同时应对钢筋加工制作成品进行验收，钢筋加工制作成品的规格、尺寸、形状等应符合设计图纸和相关规范、标准及图集的要求。经验收不合格的钢筋加工制作成品，严禁使用到钢筋工程施工中。

（6）钢筋工程施工前，宜先做钢筋安装样板，通过样板的展示，让施工管理人员和施工作业人员更容易、更直观地了解和掌握钢筋工程施工技术要点和相关注意事项，以便更好地完成钢筋工程施工作业，如图3-16所示。

钢筋安装样板应具有参考性、指导性和可操作性。

钢筋安装样板应配有样板安装说明书，说明书应通俗易懂且便于施工作业人员掌握。

图 3-16　钢筋安装绑扎样板

3.5　主体梁钢筋施工与验收

3.5.1　梁钢筋施工流程

在梁柱节点上部柱筋上套设梁柱节点加密箍筋，梁柱节点加密箍筋暂不下落，用钢丝固定在柱筋上，套设的最底部箍筋应高出梁柱节点顶面标高以上50cm左右；梁上部纵向受力钢筋插入套设的梁柱节点加密箍内；套设梁箍筋；梁下部纵向受力钢筋插入套设的梁柱节点加密箍内；将先前套设的梁柱节点箍筋按加密间距均匀分开绑扎，为了控制箍筋间不发生位移，可焊制箍筋间距定位用"猪笼"，为了防止梁身钢筋整体下沉，梁身可采用搭设钢管定位架暂时架空，架空高度50cm左右；将梁上部和下部纵向受力钢筋绑扎固定在节点加密箍筋内，受力钢筋的锚固长度应符合设计图纸和相关图集规定要求；在安装绑扎固定好的梁上部纵向受力角筋上用粉笔画设梁箍筋布筋线；梁箍筋按画设的布筋线安装绑扎；绑扎梁箍筋时穿插进行梁支座负筋和梁腰筋的安装绑扎工作；梁侧面钢筋拉钩安装绑扎；梁钢筋验收；梁混凝土保护层垫块加设；拆除梁身架空定位架，然后解绑"猪笼"与柱筋的连接；沉梁。

当主次梁相交时，主梁梁筋按上述施工流程进行施工。在进行主梁梁箍筋绑扎固定时，应穿插进行次梁在主次梁交接部位处的安装锚固施工，以免主梁梁箍筋安装绑扎固定后因箍筋间距限制难以进行安装锚固施工，如图3-17～图3-20所示。

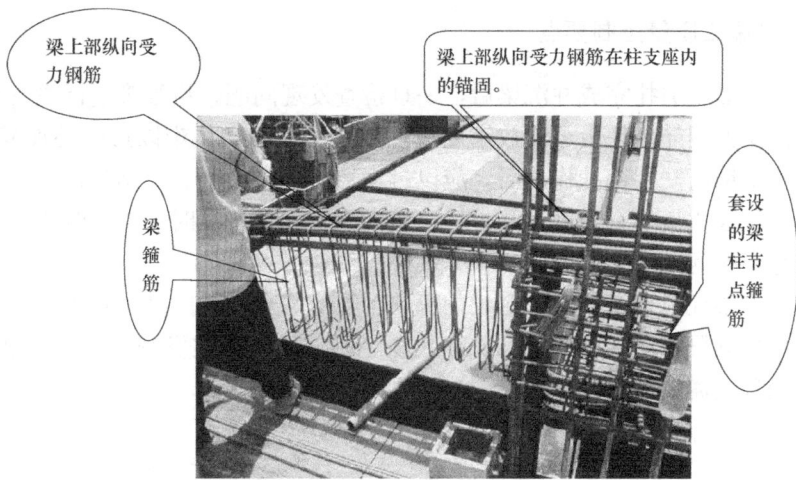

梁上部纵向受力钢筋

梁上部纵向受力钢筋在柱支座内的锚固。

梁箍筋

套设的梁柱节点箍筋

图 3-17 梁钢筋安装绑扎

定位架应在梁上部纵向受力钢筋插入套设的梁柱节点箍筋后再进行搭设。

图 3-18 梁身钢筋架空用定位架

图 3-19 梁柱节点箍筋间距定位用"猪笼"分解图

图 3-20 梁柱节点箍筋间距定位用"猪笼"现场焊制

3.5.2　梁钢筋施工质量控制要点

（1）梁钢筋安装绑扎完成并沉梁后，一旦检查发现问题，将很难进行整改或处理，比如梁下部纵向受力钢筋出现少放或放错规格现象，一旦发生将难以进行补加或更换钢筋。因此，在进行梁钢筋安装绑扎作业时，应以过程控制为主，事后控制为辅。梁钢筋安装绑扎过程中，应加强质量检查力度，一经检查发现质量问题，及时进行整改或处理，尽量避免把施工中存在的问题带到验收中去。

（2）在套设梁柱节点箍筋时，套设的箍筋个数应符合设计图纸和相关规范标准及图集的要求，以免后续梁纵向受力钢筋插入绑扎固定后，如果验收发现套设的箍筋个数不够，将难以进行处理或需要返工处理，如图3-21所示。

套设的梁柱节点核心区加密箍筋先用钢丝临时绑扎固定在节点上表面50cm处，以便后续梁纵向受力钢筋的安装绑扎。等梁纵向受力钢筋安装完成后，再解绑同梁筋一起下沉至梁柱节点核心区。

图3-21　梁柱节点核心区加密箍筋套设

（3）为了钢筋工人在进行梁钢筋安装绑扎作业时能准确地进行梁钢筋排布和钢筋绑扎安装作业，钢筋工长在梁筋绑扎作业前，应对钢筋工人做好相应的技术交底，并用粉笔或墨笔在梁侧面楼板模板上标注出梁筋的配筋情况，钢筋工人在进行梁钢筋绑扎施工作业时按照技术交底的要求和模板上的梁钢筋配筋标注进行施工，如图3-22所示。

（4）梁上部及下部纵向受力钢筋下料应准确、到位，安装时，梁纵向受力钢筋在支座中的锚固长度应符合设计图纸和相关规范标准及图集的要求。施工中常常出现钢筋工人在安装梁纵向受力钢筋时，明明纵向受力钢筋已下料准确，但因钢筋工人的质量意识比较淡薄或钢筋工长班前未对钢筋工人做技术交底，而产生梁纵向受力钢筋在支座的安装锚固不到位，导致梁筋一端锚固过长，一端锚固过短情况的发生，如图3-23～图3-28所示。

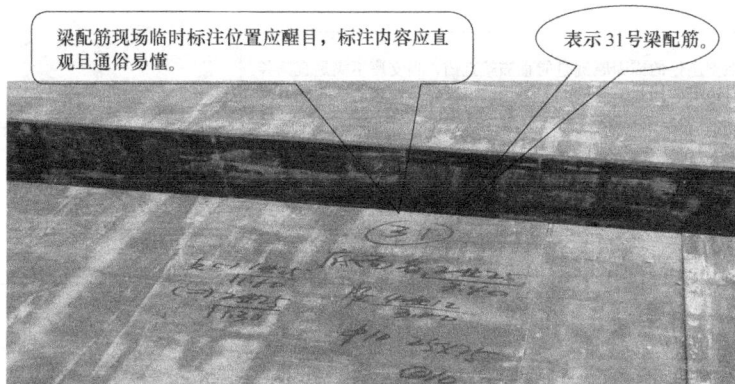

梁配筋现场临时标注位置应醒目，标注内容应直观且通俗易懂。

表示31号梁配筋。

图 3-22　梁钢筋配筋现场临时标注

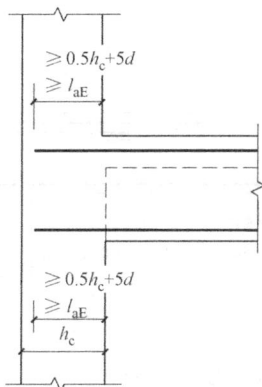

$\geqslant 0.5h_c+5d$

$\geqslant l_{aE}$

$\geqslant 0.5h_c+5d$

$\geqslant l_{aE}$

h_c

图 3-23　抗震框架梁直锚构造

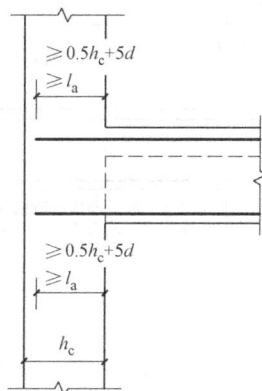

$\geqslant 0.5h_c+5d$

$\geqslant l_a$

$\geqslant 0.5h_c+5d$

$\geqslant l_a$

h_c

图 3-24　非抗震框架梁直锚构造

注：h_c 代表柱边尺寸；l_{aE}代表受拉钢筋抗震锚固长度；l_a 代表受拉钢筋锚固长度，l_{aE} 和 l_a 结合设计图纸规定并查阅 16G101-1《混凝土结构施工图平面整体表示方法制图规则和构造详图》（现浇混凝土框架、剪力墙、梁、板）取值。

梁钢筋在柱支座处的锚固原则：当柱支座能满足梁筋直锚时，梁筋直锚在柱支座内；当柱支座不能满足梁筋直锚时，梁筋在柱支座内可采用先直锚一段再带个弯头的形式进行锚固。

梁钢筋在柱支座处直锚。

图 3-25　梁钢筋在柱支座处的构造一

图 3-26　梁钢筋在柱支座处的构造二

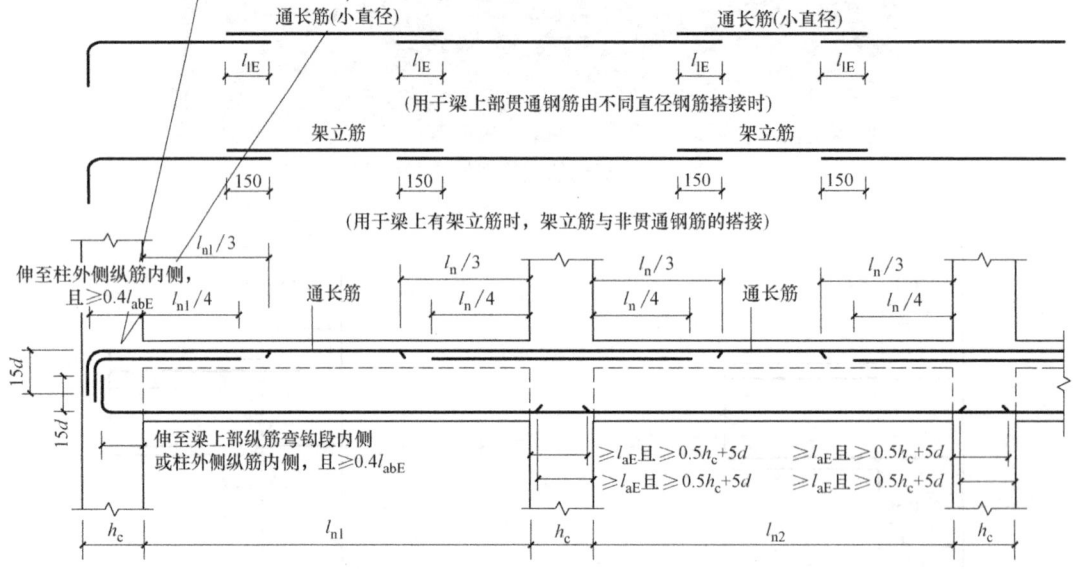

梁在支座处的锚固原则是能直锚就直锚,当支座不满足直锚长度时,可采用在支座处先直锚一段再进行弯制钢筋弯头的方式进行锚固。但其构造方式应符合图3-28的要求。

图 3-27 抗震框架梁纵向钢筋构造(端支座直锚复合弯头锚固)
注:l_n 为左跨 l_{n1} 和右跨 l_{n2} 之较大值。

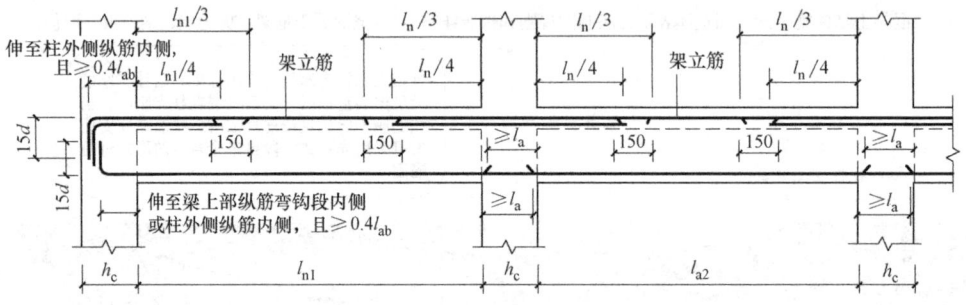

图 3-28 非抗震框架梁纵向钢筋构造(端支座直锚复合弯头锚固)
注:l_n 为左跨 l_{n1} 和右跨 l_{n2} 之较大值。

(5) 梁箍筋套设前,应先根据设计图纸和相关规范标准及图集的要求计算出梁箍筋的个数,再进行梁箍筋套设施工。梁箍筋套设方式应正确,梁箍筋箍口应统一朝上且相邻梁箍筋箍口应交错布置,相邻梁箍筋箍口严禁安装在同一根梁纵向受力筋上。梁箍筋套设完成后绑扎固定前,为了控制梁箍筋绑扎安装间距,可用粉笔在安装的梁上部纵向受力钢筋的角部筋上画出梁箍筋布筋线,施工时按画出的梁箍筋布筋线进行梁箍筋绑扎作业。施工中我们常常碰见主次梁相交的情况,设计单位在进行图纸设计时,考虑到主梁承受次梁传递的荷载，一般会在主次梁交接部位设计有附加吊筋或附加箍筋，附加箍筋一般加设在主次梁交接处次梁两侧，每侧加设 3 个附加箍筋，附加箍筋间距 50mm，从次梁侧起设附加箍筋距次梁侧面距离 50mm。施工中很多人认为主次梁交接处已设计有附加箍筋或附加吊筋进行补强，主次梁交接部位原有梁箍筋即可省略不用加设，此做法是错误的。因为主次梁交接部位是主梁受力最大的部位，也是主梁最薄弱的一个部位，如果施工中省略不按正常加设该处的梁箍筋，将会降低主梁的承载能力，危及结构安全。因此，主次梁相交箍筋加设施工时，先考虑主梁箍筋按设计图纸贯通设置，然后应在箍筋贯通设置的基础上另外加设梁附加箍筋。梁箍筋安装绑扎时，其箍筋排布方式一般分为梁箍筋柱端加密方式和柱中非加密方式，梁箍筋柱端加密段和柱中非加密段长度应符合设计图纸和相关规范标准及图集的要求，如图 3-29～图 3-37 所示。

梁箍筋布筋线的画设间距应符合设计图纸和相关规范标注以及钢筋图集的规定。

图 3-29　梁箍筋布筋线画设

图 3-30　梁箍筋安装绑扎

图 3-31　相邻梁箍筋箍口交错布置

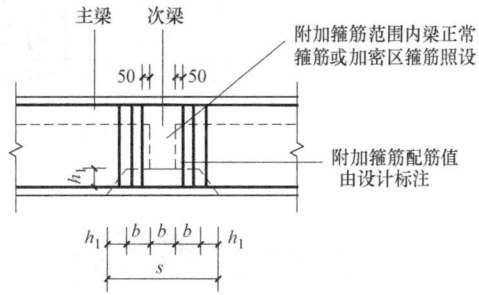

图 3-32　梁附加箍筋构造图

当抗震框架梁有一端为抗震框架梁时，抗震框架梁的加密构造如图 3-38 所示。

（6）梁侧面纵向构造钢筋（腰筋）按受力分为梁构造钢筋（代表符号 G）和梁受扭钢筋（代表符号 N）两种。梁构造钢筋只起构造作用，而梁受扭钢筋因为要承受梁一部分扭力的作用，因而其搭接长度和在支座中的锚固要求比构造钢筋严格。施工中，很多人没有了解和掌握两者的区别，没有掌握两者搭接长度和在支座中的锚固的有关规定，常常将梁

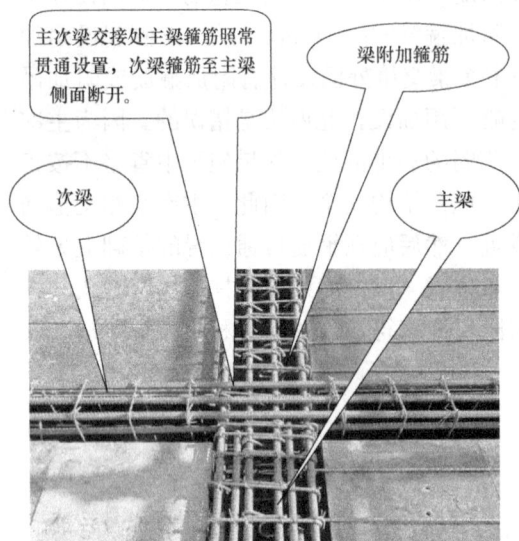

图 3-33　梁附加箍筋安装实物效果图

图 3-34　主梁箍筋未贯通设置

图 3-35　主梁箍筋贯通设置

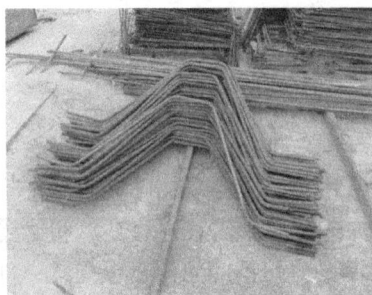

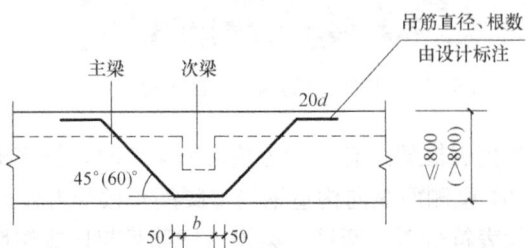

图 3-36　附加吊筋及其构造图

146

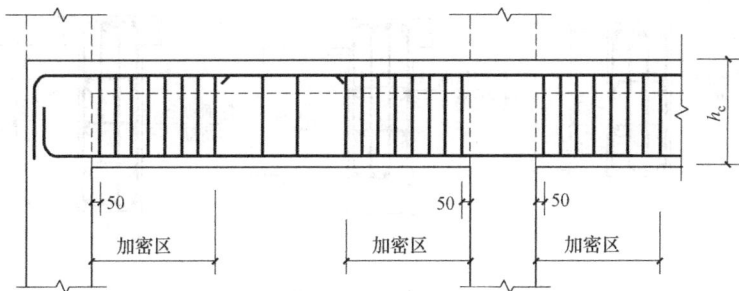

图 3-37　抗震框架梁箍筋加密区范围

注：1. h_c 代表梁高度。

2. 一级抗震等级时柱端箍筋加密区段长度为：≥$2h_c$ 且≥ 500mm。

3. 二至四级抗震等级时柱端箍筋加密区段长度为：≥$1.5h_c$ 且≥ 500mm。

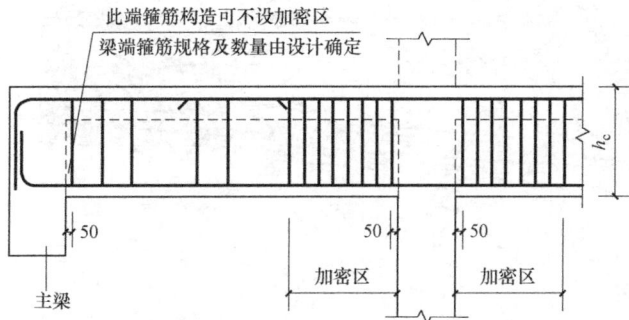

图 3-38　抗震框架梁有一端为抗震框架梁的箍筋加密构造

注：1. h_c 代表梁高度。

2. 一级抗震等级时柱端箍筋加密区段长度为：≥$2h_c$ 且≥ 500mm。

3. 二至四级抗震等级时柱端箍筋加密区段长度为：≥$1.5h_c$ 且≥ 500mm。

受扭钢筋按梁构造钢筋进行施工。这样施工，将在一定程度上降低或减弱梁抗扭作用力，影响梁结构安全。同时梁腰筋应与梁箍筋及梁侧面拉钩进行满绑满扎并扎牢，防止钢筋骨架变形和钢筋位移，同时也是为了保证钢筋骨架的整体性，加强钢筋骨架作用力。梁侧面纵向构造钢筋安装绑扎完成后，应按照设计图纸或有关规范标准及钢筋图集的要求加设梁侧面钢筋拉钩，钢筋拉钩应同时勾住梁箍筋和梁侧面纵向构造钢筋并绑扎牢固，梁侧面钢筋拉钩的规格型号以及布置间距应符合设计图纸和有关规范标准及钢筋图集的要求，如图 3-39～图 3-41 所示。

（7）梁钢筋混凝土保护层垫块未加设或加设不到位的，后续梁混凝土浇筑完成拆模后常常检查发现梁混凝土局部出现漏筋现象。当外露的钢筋为梁主要受力钢筋时，属于严重质量缺陷，后续处理不好，将会影响结构安全。因此，在沉梁筋之前，应先垫设好梁下部钢筋混凝土保护层垫块，并策划好梁钢筋侧面保护层采用何种措施进行加垫。梁钢筋保护层垫块的设置，当设计有规定时按设计规定进行施工；设计无规定时，可按照施工组织设计或钢筋工程专项施工方案中的有关规定进行施工，如图 3-42～图 3-44 所示。

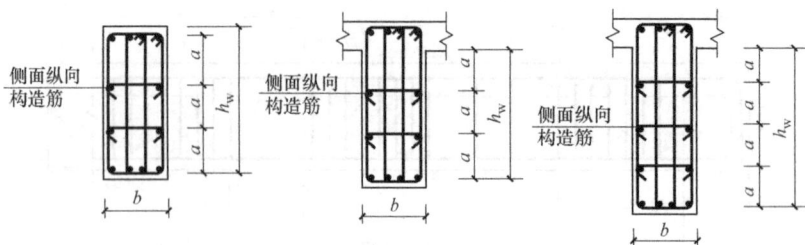

图 3-39 梁侧面纵向构造钢筋（腰筋）构造

注：1. h_w 代表梁腹板高度。

2. $h_w \geqslant 450mm$ 时，在梁的两侧面应沿高度配置纵向构造钢筋；纵向构造钢筋间距 $a \leqslant 200mm$。

3. 梁两侧面纵向构造钢筋的规格、型号以及布置间距设计有规定时按设计进行施工。

图 3-40 沉梁前梁钢筋安装成品

图 3-41 梁侧面钢筋拉钩安装样板

（8）梁钢筋施工完成后，沉梁之前，应通知建设单位和监理单位进行梁钢筋验收。严禁梁钢筋未经验收即安排进行沉梁作业。沉梁后再进行梁钢筋验收，一旦检查出现问题，将难以进行整改或处理。建设单位和监理单位在验收中提出的问题，应及时并有针对性地进行整改或处理。问题整改或处理完成并经再次验收合格后方可进行沉梁施工作业。

图 3-42 梁底筋保护层垫块安装

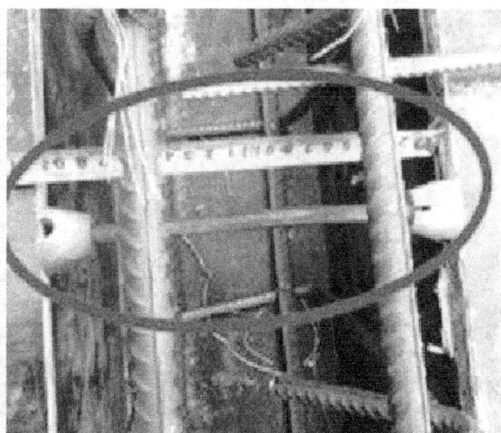

图 3-43 梁侧面保护层撑条垫块

> 梁侧面钢筋保护层控制措施较多，施工时采用何种控制措施应提前进行策划。

图 3-44 梁侧面钢筋保护层大理石垫块

3.5.3 梁钢筋施工质量验收

梁钢筋施工质量验收主要验收如下项目：

（1）验收要求：梁钢筋的品种、规格和型号应与设计图纸标注相符。

验收方法：查看技术资料并对照现场检查和检查隐蔽工程验收资料。

（2）验收要求：梁上下部纵向受力钢筋和梁侧面纵向钢筋在支座处的锚固构造以及在梁中接头连接的方式和连接位置以及钢筋间排布间距应符合设计图纸和相关规范标准及钢筋图集的要求。

验收方法：查看技术资料并对照现场检查，尺量和检查隐蔽工程验收资料，如图 3-45～图 3-48 所示。

梁钢筋验收时用卷尺分别量出梁纵向受力钢筋在柱支座内的直段锚固长度和弯钩长度。直段锚固长度和弯钩长度应符合设计要求。

图 3-45　梁纵向受力钢筋在柱支座处的锚固

梁上下部纵向受力钢筋在柱支座内的直段锚固应伸至柱外侧纵筋内侧且 $\geqslant 0.4l_{ab}$，其中 l_{ab} 为受拉钢筋基本锚固长度，其取值可在16G101-1图集中查取。

图 3-46　梁上部纵向受力钢筋在柱支座的锚固尺量验收（1）

梁上下部纵向受力钢筋在柱支座内的锚固勾头长度为15d，其中d为纵向受力钢筋直径。

图 3-47　梁上部纵向受力钢筋在柱支座的锚固尺量验收（2）

（3）验收要求：梁箍筋和梁拉钩的钢筋构造形式、钢筋排布方式和安装间距应符合设计图纸和相关规范标准及钢筋图集的要求。

验收方法：查看技术资料并对照现场检查，尺量和检查隐蔽工程验收资料。

（4）验收要求：梁钢筋混凝土保护层的设置形式、布置间距等应符合设计图纸和相关规范标准及钢筋图集的要求。

验收方法：查看技术资料并对照现场检查，尺量和检查隐蔽工程验收资料。

（5）验收要求：梁钢筋安装骨架尺寸应符合设计图纸和相关规范标准及钢筋图集的要求。

验收方法：查看技术资料并对照现场检查，尺量和检查隐蔽工程验收资料。

当梁侧面纵向钢筋为构造钢筋时，其锚固长度和在梁中搭接长度均为15d；当梁侧面纵向钢筋为受扭钢筋时，其锚固形式同框架梁下部纵向受力钢筋，锚固值为l_a或l_{aE}(抗震)，其梁中的搭接长度为l_l或l_{lE}(抗震)。其中，l_a、l_{aE}和l_l、l_{lE}取值可在16G101-1图集中查取。

图 3-48　梁侧面纵向钢筋锚固长度尺量验收

3.6　主体板钢筋施工与验收

3.6.1　板钢筋施工流程

定位弹线→板底部钢筋网片保护层垫块布置→板下部钢筋安装绑扎→控制板上下层钢筋网片间距用钢筋马凳筋安装布置→水电线管穿插安装施工→板上部钢筋安装绑扎施工→施工单位自检，自检合格后上报监理验收→监理验收合格，同意进入下一步工序施工→板钢筋成品保护。

3.6.2　板钢筋施工质量控制要点

（1）板底部钢筋网片安装前，应先根据板筋施工图设计的板筋间距进行定位放线，定位放线应准确、到位，如图 3-49 所示。

弹设布筋线时，布筋起步线距模板边距离不应大于5cm。

图 3-49　板布筋线弹设

（2）板底部钢筋网片保护层垫块常见的布置形式有梅花形布置和方形布置两种，垫块的种类及布置间距应符合设计图纸和相关规范标准及图集的要求，如图 3-50、图 3-51 所示。

图 3-50　垫块呈梅花形布置

图 3-51　垫块方形布置

（3）板钢筋在支座中的锚固和板中的连接方式应符合 16G101-1《混凝土结构施工图平面整体表示方法制图规则和构造详图》（现浇混凝土框架、剪力墙、梁、板）第 99～106 页的构造要求。

（4）板底部钢筋网片施工时，按已弹设好的定位线进行布筋，布筋时板底部钢筋网片受力筋和分布筋布设顺序应正确。板筋在支座的锚固长度和板筋在板中的搭接长度及接头搭接位置应符合设计图纸和相关规范及标准图集的要求。当楼板设计为双向板时，板底部钢筋网片应进行满绑满扎；当楼板设计为单向板时，板底部钢筋网片除板周边两排钢筋需要满绑满扎之外，其余部位可采用梅花式进行绑扎并扎牢。钢筋网片绑扎时，防止钢筋网片绑扎后出现几何变形，施工中一般采用相邻两个扎点扎丝呈"八"字形的方式进行钢筋绑扎作业，如图 3-52 所示。

图 3-52　板下部钢筋安装绑扎

（5）控制板上下层钢筋网片间距用钢筋马凳的布置形式常见的有梅花形布置和方形布置两种，马凳筋布置间距应符合设计图纸和相关规范标准要求，如图 3-53 所示。

（6）为了不影响板面部钢筋安装绑扎施工作业，也为了水电线管安装方便，在进行板底部钢筋网片绑扎安装时，应穿插进行水电线管的安装预埋工作，以免板面部钢筋安装完成后难以再进行水电线管安装预埋工作，如图 3-54 所示。

施工顺序错误，水电线管难以进行安装，应先安装水电线管后再绑扎板面筋。

图 3-53 板马凳筋矩形布置　　　　　图 3-54 板面筋安装完成后装水电线管

（7）板钢筋安装施工作业需要穿插进行水电洞口预埋工作且预埋的水电洞口需要穿过楼板钢筋时，条件允许的情况下尽量减少对楼板钢筋的烧割作业。板筋与预埋水电洞口交接处可采用板筋绕道或板筋安装到洞口边即断开的方式进行施工，后续再对水电洞口预埋处板筋加设钢筋进行补强处理。当设计图纸中有对板洞口钢筋的补强规定时按设计要求进行补强加固；当设计图纸未作规定时，可参照 16G101-1《混凝土结构施工图平面整体表示方法制图规则和构造详图》（现浇混凝土框架、剪力墙、梁、板）第 110 页和第 111 页的钢筋构造进行板洞口钢筋补强施工作业。

（8）楼板局部板块水电线管安装完成后，即可穿插进行板上部钢筋安装绑扎施工，尽量避免整层楼面水电线管安装完成后再进行板上部钢筋安装施工作业，以免影响施工进度。板上部钢筋在支座处的构造和在板中的搭接方式及接头连接位置应符合设计图纸和相关规范标准及图集的规定，如图 3-55 所示。

（9）板钢筋安装完成后，施工单位在自检合格的基础上上报监理单位进行板钢筋隐蔽验收，板钢筋隐蔽验收应留有隐蔽验收记录并留存有隐蔽验收影像资料。

图 3-55 板筋安装完成实物效果图

（10）板钢筋安装绑扎完成后，应做好成品钢筋的保护工作，板钢筋成品保护措施多种多样，在施工前应向施工管理人员和施工作业人员做好技术交底工作，施工过程中应采取措施进行保护。

3.6.3 板钢筋施工质量验收

板钢筋施工质量验收主要验收如下内容：

（1）验收要求：板钢筋的品种、规格和型号与设计图纸标注相符。

验收方法：查看技术资料并对照现场检查和检查隐蔽工程验收资料。

（2）验收要求：板钢筋在支座处（梁支座或墙支座）的连接构造和板钢筋接头连接的方式、连接的位置以及板钢筋排布间距和骨架尺寸应符合设计图纸和相关规范标准及钢筋图集的要求。

验收方法：查看技术资料并对照现场检查，尺量和检查隐蔽工程验收资料，如图3-56、图3-57所示。

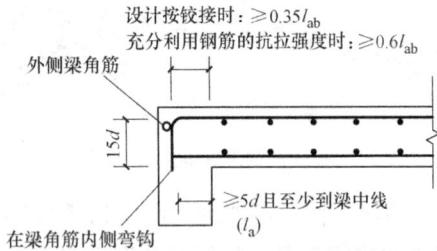

设计按铰接时：≥0.35l_{ab}
充分利用钢筋的抗拉强度时：≥0.6l_{ab}
外侧梁角筋
15d
≥5d且至少到梁中线（l_a）
在梁角筋内侧弯钩

图 3-56　板钢筋在梁支座处的连接构造
注：d 为板筋直径；l_{ab} 为受拉钢筋基本
锚固长度，可在16G101-1图集中查表取值。

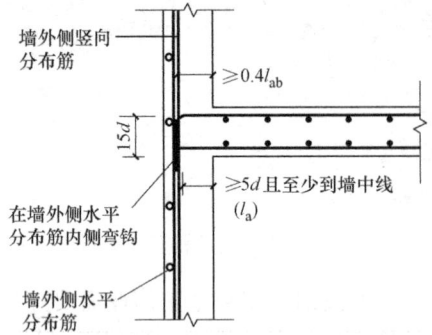

墙外侧竖向分布筋
≥0.4l_{ab}
15d
在墙外侧水平分布筋内侧弯钩
≥5d且至少到墙中线（l_a）
墙外侧水平分布筋

图 3-57　板钢筋在墙支座处的连接构造

（3）验收要求：板钢筋马凳的构造形式、排布方式和安装间距应符合设计图纸和相关规范标准及钢筋图集的要求。

验收方法：查看技术资料并对照现场检查，尺量和检查隐蔽工程验收资料。

（4）验收要求：板钢筋混凝土保护层的设置形式、布置间距等应符合设计图纸和相关规范标准及钢筋图集的要求。

验收方法：查看技术资料并对照现场检查，尺量和检查隐蔽工程验收资料。

3.7　主体柱钢筋施工与验收

3.7.1　柱钢筋施工流程

图 3-58　从地（板）面上伸出的柱竖向受力钢筋

弹设柱边线和轴线→根据柱边线、轴线和柱混凝土保护层的规定进行柱筋位置校正→在柱从地（板）面上伸出的竖向受力钢筋的角部钢筋上用粉笔画出柱箍筋布筋线→套设柱箍筋→柱竖向受力钢筋连接→连接接头检查验收和连接接头抽样送检（柱筋搭接除外）→在柱连接的上段竖向受力钢筋的角部筋上用粉笔画出剩余柱箍筋布筋线→柱箍筋安装绑扎→水电线管、盒穿插进行安装→挂设柱钢筋混凝土保护层垫块→施工单位自检合格后上报监理单位进行验收→监理单位验收合格，柱钢筋施工完成→柱筋施工成品保护，如图3-58所示。

3.7.2 柱钢筋施工质量控制要点

（1）柱边线及轴线弹设完成后，应及时检查柱竖向受力钢筋的位置，检查发现柱竖向受力钢筋发生位移的，应及时进行校正。施工中常常发现柱筋安装绑扎完成后再进行柱筋位置校正，这时已很难进行调整。因此，在进行柱钢筋施工过程中，应重视施工过程控制，及时发现问题，及时进行整改。当柱竖向受力钢筋发生位移后且校正后柱筋弯折角度小于等于1：6时，可对位移钢筋进行弯折校正即可；当经过计算校正后弯折角度大于1：6时，可请设计单位出处理方案进行处理，如图3-59所示。

校正后的柱竖向受力钢筋弯折后的弧度大于1:6时，属于严重钢筋移位现象，应请设计单位出处理意见。

图 3-59　校正后的柱竖向受力钢筋

（2）套设柱箍筋时，相邻柱箍筋的箍口应交错进行套设，严禁相邻柱箍筋的箍口套设在同一根柱角筋上。如果相邻柱箍筋的箍扣在同一根角筋上时，将影响柱箍筋对柱竖向受力钢筋的约束力，影响结构安全，如图3-60、图3-61所示。

图 3-60　柱箍筋套设

图 3-61　柱相邻箍筋箍口交错布置

（3）施工中常见的柱竖向受力钢筋连接方式有搭接、焊接和机械连接（直螺纹套筒连接）三种。施工时不管采用何种连接方式，都应确保柱竖向受力钢筋连接接头位于柱箍筋非加密区（柱筋连接区段）内。严禁在柱箍筋加密区（柱筋非连接区）范围内进行钢筋连接，因为柱箍筋加密区是柱受应力最大的部位，也是地震中最容易发生破坏的部位，如果处理不好，将会危及结构安全。当柱竖向受力钢筋连接采用焊接或机械连接时，为了确保连接接头的施工质量，在进行接头连接时，应现场抽取连接接头试样送检做工艺试验，经工艺试验合格后方可进入下步工序施工（比如柱箍筋安装绑扎施工）。接头工艺试验所用时间不占用正常施工工期，施工前应提前进行策划。当接头工艺试验不合格时，应采取措施进行处理或请设计单位出处理方案；施工时柱竖向钢筋连接构造应符合 16G101-1《混凝土结构施工图平面整体表示方法制图规则和构造详图》（现浇混凝土框架、剪力墙、梁、板）第 63 页 KZ 纵向钢筋连接构造的要求。

（4）柱箍筋起步筋距地（板）面距离一般不大于 50mm。起步箍筋以上的柱箍筋常见的有柱加密箍筋复合非加密箍筋和柱箍筋全高加密两种形式。柱加密箍筋间距一般为 100mm，柱非加密箍筋间距一般为 200mm。而柱加密箍筋区段和非加密箍筋区段的确定，当设计图纸有规定时按设计图纸进行施工；当设计图纸未规定时，可参照 16G101-1 图集和柱的净高进行计算。明确了柱起步筋的设置和柱箍筋间距的要求及柱箍筋加密区段和非加密区段的规定后，即可计算出每层柱箍筋的配置个数，然后根据计算出的箍筋个数在柱角筋上用粉笔画出柱箍筋布筋线，以便后续柱箍筋安装绑扎施工准确到位，如图 3-62～图 3-65 所示。

图 3-62　柱箍筋布筋线划设

（5）当安装的柱筋高度超过 3m 时，施工作业人员在进行钢筋安装绑扎作业时，应搭设钢筋安装操作平台进行钢筋绑扎作业，防止施工作业时人身安全事故的发生。

框架柱起步箍筋距地(板)面的距离不大于50mm。

图 3-63　柱钢筋安装成品（1）

柱箍筋加密区

柱箍筋加密区

图 3-64　柱钢筋安装成品（2）

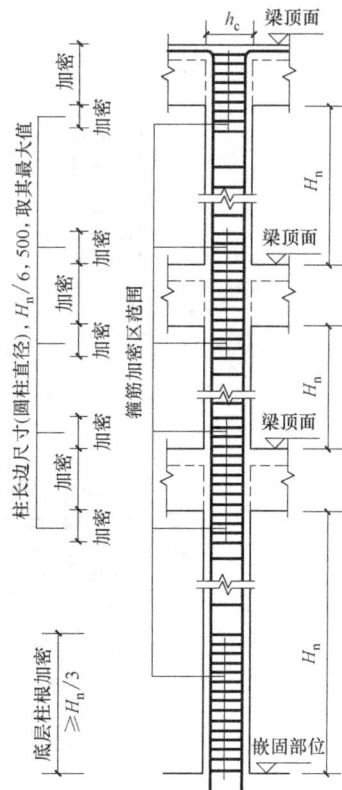

图 3-65　柱箍筋加密构造

（6）柱箍筋安装时应与柱竖向受力钢筋及柱拉钩进行满绑满扎并扎牢。在进行柱箍筋安装施工作业时，当柱中设计有水电线管时，应穿插进行水电线管安装预埋工作。尽量避免柱箍筋安装绑扎完成后再进行水电线管安装预埋工作，此时如果安装的柱箍筋为全高加密箍筋，后面预埋的水电线管将难以穿入加密箍筋内进行安装。在柱箍筋安装绑扎过程中，可以先穿入水电线管，等柱箍筋安装后，再进行水电线管安装固定工作。

（7）为了防止柱混凝土浇筑完成拆模后，柱子出现漏筋现象，柱筋安装绑扎完成后，可在柱脚焊设定位筋和柱身加设保护层垫块的方式进行钢筋混凝土保护层控制，如图3-66～图3-68所示。

柱脚定位筋焊设时不得烧伤柱竖向受力纵筋。柱脚定位筋焊设前应对焊制人员做好技术交底，定位筋的焊制尺寸应根据柱设计尺寸进行焊制。

图 3-66　构造柱柱脚定位筋焊制

柱脚定位筋一方面可以控制柱脚模板安装尺寸，另一方面可以控制柱筋混凝土保护层厚度。

图 3-67　框架柱柱脚定位筋焊制

柱筋保护层垫块可以采用塑料垫块和预制混凝土垫块等，具体采用何种保护层垫块措施，柱筋绑扎安装前应提前进行策划。

图 3-68　柱筋保护层垫块安装效果图

（8）柱筋安装绑扎完成后，施工单位应做好自检工作，检查出的问题，及时进行整改。整改合格后应报监理单位进行柱钢筋隐蔽验收，柱钢筋隐蔽验收应留有隐蔽验收记录并留存有隐蔽验收影像资料。

（9）柱筋安装绑扎施工完成后，在进行后续施工过程中，应注意做好柱筋安装成品的保护工作。后续施工中如果柱筋安装成品因施工操作不当而出现质量问题，应及时采取措施进行整改或处理。

3.7.3 柱钢筋施工质量验收

柱钢筋施工质量验收主要验收以下内容：

（1）验收要求：柱钢筋的品种、规格和型号应与设计图纸标注相符。

验收方法：查看技术资料并对照现场检查和检查隐蔽工程验收资料。

（2）验收要求：柱竖向受力钢筋接头连接的方式和连接位置以及竖向受力钢筋间距应符合设计图纸和相关规范标准及钢筋图集的要求。

验收方法：查看技术资料并对照现场检查，尺量和检查隐蔽工程验收资料。

（3）验收要求：柱箍筋和柱拉钩的钢筋构造形式、钢筋排布方式和安装间距应符合设计图纸和相关规范标准及钢筋图集的要求。

验收方法：查看技术资料并对照现场检查，尺量和检查隐蔽工程验收资料。

（4）验收要求：柱钢筋混凝土保护层的设置形式、布置间距等应符合设计图纸和相关规范标准及钢筋图集的要求。

验收方法：查看技术资料并对照现场检查，尺量和检查隐蔽工程验收资料。

（5）验收要求：柱钢筋骨架安装尺寸、柱钢筋垂直度应符合设计图纸和相关规范标准及钢筋图集的要求。

验收方法：查看技术资料并对照现场检查，尺量和检查隐蔽工程验收资料。

3.8 主体墙钢筋施工与验收

3.8.1 墙钢筋施工流程

弹设墙边线、轴线→根据弹设的墙边线、轴线和墙混凝土保护层的有关规定进行墙竖向受力钢筋位置校正→搭设并固定墙筋安装绑扎临时用的脚手架→安装墙筋间距定位用竖向梯子筋→安装墙筋间距定位用水平梯子筋→墙竖向受力钢筋安装绑扎→用粉笔在墙转角或墙端的柱子竖向受力角筋上画出墙水平分布筋的布筋线→墙水平分布筋安装绑扎→墙体水电线管、盒穿插进行施工作业→墙筋拉钩安装绑扎→挂设墙混凝土保护层垫块→在施工单位自检合格的基础上报监理单位验收→墙筋成品保护。

3.8.2 墙钢筋施工质量控制要点

（1）弹设墙边线、轴线后，应及时校正墙竖向受力钢筋位置，检查发现墙竖向受力钢筋发生位移的，及时进行纠偏处理。纠偏前可通过设计图纸、弹设的轴线和边线以及墙筋实际位移情况计算出墙筋纠偏后弯折角度，当弯折弧度小于等于1：6时，可对位移钢筋进行弯折校正即可；当弯折弧度大于1∶6时，可请设计单位出处理方案进行处理。

（2）墙筋搭设前宜先搭设墙筋定位用临时脚手架是因为大多数墙竖向受力钢筋直径比较小，在安装墙竖向受力钢筋时竖向受力钢筋容易弯折，不便于墙身钢筋安装绑扎作业。搭设的墙筋定位用临时脚手架的高度、规格和搭设间距应提前进行策划，或可在施工组织设计和钢筋工程专项施工方案中进行专项设计，施工时按专项设计进行搭设。

（3）为了控制墙身竖向受力钢筋和水平分布钢筋的间距，墙身竖向受力钢筋和水平分布钢筋安装前，可先制作墙身钢筋定位用竖向梯子筋和水平梯子筋。竖向梯子筋和水平梯子筋的制作规格和布置间距应在墙筋施工前提前进行策划，如图3-69～图3-72所示。

（4）施工中常见的墙竖向受力钢筋连接方式有搭接、焊接和机械连接三种方式。当墙

梯子筋加工制作前应先制作梯子筋模具，然后使用制作的模具加工制作梯子筋。

图 3-69　墙身定位用梯子筋加工制作

梯子筋的加工制作尺寸应结合墙身尺寸进行制作。

图 3-70　梯子筋成品

竖向梯子筋

图 3-71　竖向梯子筋安装效果图

水平梯子筋

图 3-72　水平梯子筋安装效果图

竖向受力钢筋采用搭接方式进行连接时，搭接构造应符合设计图纸和相关钢筋图集的构造要求，应控制好搭接钢筋的搭接长度并绑扎牢固；当墙竖向受力钢筋采用焊接或机械连接方式进行连接时，应对焊接接头或机械连接接头现场抽样做接头工艺试验，经试验合格后方可进入下一步工序施工。接头工艺试验所用时间不占用正常施工工期，施工前应提前进行策划。焊接接头工艺试验不合格时，可请设计单位出处理方案进行处理，如图3-73～图3-76所示。

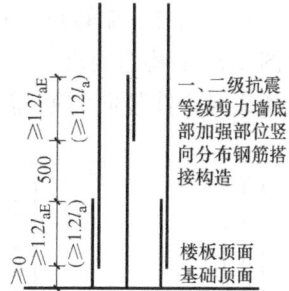

图3-73　墙竖向钢筋搭接构造一

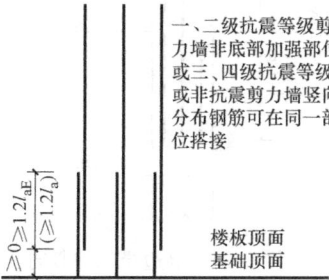

图3-74　墙竖向钢筋搭接构造二

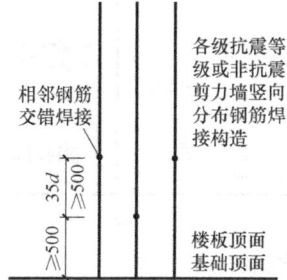

图3-75　墙竖向钢筋焊接构造

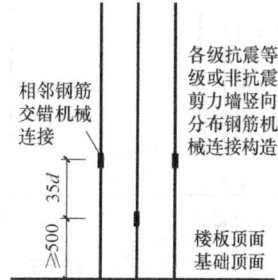

图3-76　墙竖向钢筋机械连接构造

注：d 代表连接钢筋的直径；

l_{aE} 代表受拉钢筋抗震锚固长度；

l_a 代表受拉钢筋锚固长度。

施工中如果存在墙筋在楼板处变截面时，楼板处的墙筋构造如图3-77所示。

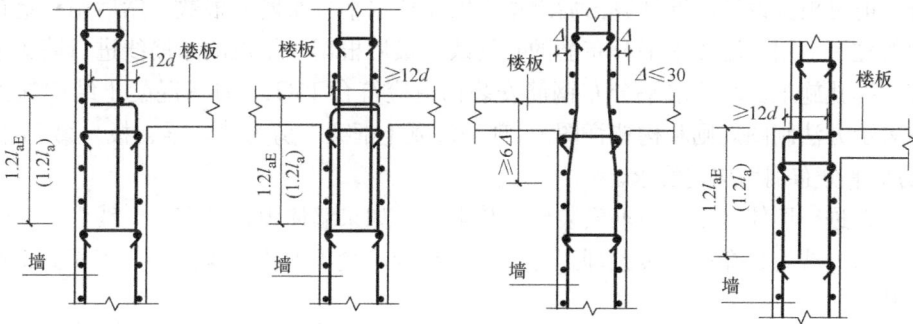

图3-77　墙竖向钢筋变截面处钢筋构造

在进行墙竖向钢筋收头时，收头处的钢筋构造应符合图3-78的要求。

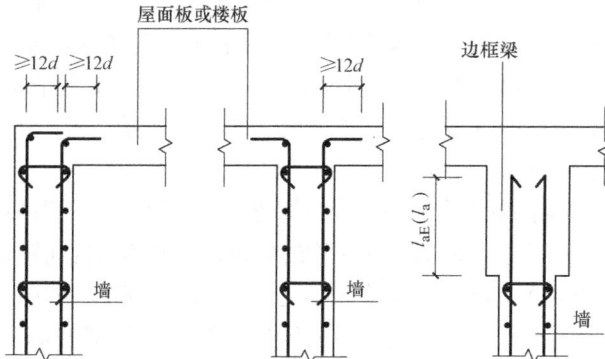

图3-78　墙竖向钢筋收头处钢筋构造

（5）当墙端、墙转角处有边缘构件（如暗柱、端柱等）时，其竖向受力钢筋的连接应符合图 3-79 的构造要求。

墙边缘构件竖向钢筋需要从楼板处重新进行生根（预埋）时，其构造应图 3-80 的规定。

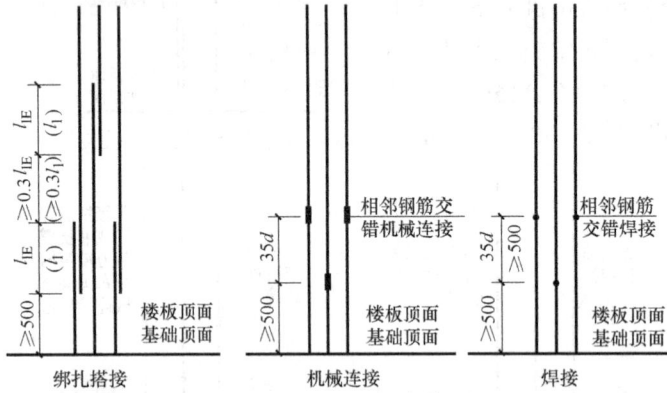

图 3-79　墙边缘构件竖向钢筋连接构造

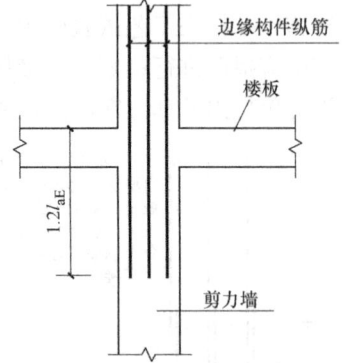

图 3-80　墙边缘构件竖向
钢筋生根（预埋）构造

（6）墙水平分布筋的起步筋距地（板）面的距离不应大于 50mm。当墙身上方有后绑梁（比如暗梁 AL 和连梁 LL 等）时，墙水平分布筋绑至后绑梁底 50mm 处即可，后绑梁下除墙水平分布筋的起步筋外，其余墙水平分布筋按设计图纸规定的钢筋间距进行排布施工。施工前可根据设计图纸计算出后绑梁下的墙体水平分布筋的根数，然后用粉笔在墙端或墙角的柱子上划出墙体水平分布筋的布筋线，最后根据所划设的布筋线进行墙体水平分布筋安装绑扎施工。墙体水平分布钢筋安装构造应符合 16G101-1《混凝土结构施工图平面整体表示方法制图规则和构造详图》（现浇混凝土框架、剪力墙、梁、板）第 71 页和第 72 页的水平分布钢筋构造要求。

（7）在进行墙体水平分布筋安装施工作业时，如果墙体内设计有水电线管、盒时，应穿插进行水电线管、盒的安装预埋工作。水电线管、盒预埋位置应准确并牢靠固定在墙体钢筋网片上。

（8）墙钢筋安装施工作业需要穿插进行水电洞口预埋工作且预埋的水电洞口需要穿过墙钢筋时，在条件允许的情况下尽量减少对墙钢筋的烧割作业。墙钢筋与预埋水电洞口交接处可采用墙筋绕道或墙筋安装到洞口边即断开的方式进行施工，后续再对水电洞口预埋处墙筋加设钢筋进行补强处理。当设计图纸中有对墙洞口钢筋的补强规定时按设计要求进行补强加固；当设计图纸未作规定时，可参照 16G101-1《混凝土结构施工图平面整体表示方法制图规则和构造详图》（现浇混凝土框架、剪力墙、梁、板）第 83 页的钢筋构造进行墙洞口钢筋补强施工作业，如图 3-81 所示。

（9）施工中墙筋的拉钩布置形式一般分为梅花形布置和双向布置两种，施工时采用何种布置形式由设计单位进行明确，同时墙体拉钩的规格、型号和布置间距等也应由设计单位在施工图设计文件中予以明确，施工时按施工图设计文件进行施工，如图 3-82～图 3-84 所示。

（10）为了防止墙体混凝土浇筑完成后墙体出现漏筋或局部漏筋现象，在墙体竖向受力钢筋、水平分布钢筋及墙体内的水电线管盒安装预埋完成后，应在墙体水平分布筋上挂设钢筋混凝土保护层垫块，垫块的规格、布置形式和布置间距可按设计图纸施工。墙筋混凝土保护层垫块种类繁多，在墙筋施工前应提前进行策划。当设计图纸未对墙筋混凝土保护层垫块作任何规定时，在进行墙筋施工时可根据实际施工需要进行安装加设。

图 3-81 墙体预埋水电洞口钢筋补强

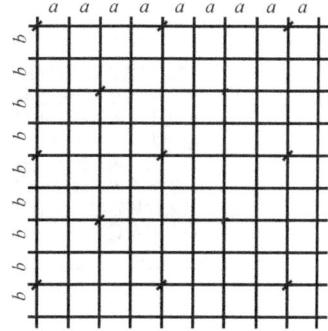

图 3-82 墙筋拉钩梅花形布置
注：a 和 b 代表墙钢筋网片的间距。

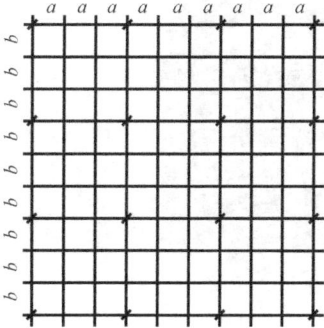

图 3-83 墙筋拉钩双向布置

图 3-84 墙筋拉钩梅花形安装效果图

（11）墙体钢筋安装施工完成后，施工单位应在自检合格的基础上上报监理单位进行墙钢筋隐蔽验收。墙钢筋隐蔽验收应做好隐蔽验收记录并留存有隐蔽验收影像资料。

（12）墙筋安装后，在进行后续交叉施工作业时，应注意做好墙筋成品的保护工作，防止因后续交叉施工作业操作不当而破坏墙筋成品。

3.8.3 墙钢筋施工质量验收

墙钢筋施工质量验收主要验收如下内容：

（1）验收要求：墙钢筋的品种、规格和型号应与设计图纸标注相符。

验收方法：查看技术资料并对照现场检查和检查隐蔽工程验收资料。

（2）验收要求：墙竖向受力钢筋、水平分布钢筋和墙边缘构件（柱）的接头连接的方式和连接位置以及钢筋间排布间距应符合设计图纸和相关规范标准及钢筋图集的要求。

验收方法：查看技术资料并对照现场检查，尺量和检查隐蔽工程验收资料。

（3）验收要求：墙钢筋的拉钩规格型号、构造形式、排布方式和安装间距应符合设计图纸和相关规范标准及钢筋图集的要求，如图 3-85 所示。

验收方法：查看技术资料并对照现场检查，尺量和检查隐蔽工程验收资料。

墙身钢筋拉钩的排布方式常见的有方形布置和梅花形布置两种。布置原则为：当设计图纸有规定时，按设计图纸要求进行布置；当设计图纸未作规定时，宜采用梅花形布置。

图 3-85　墙身钢筋拉钩现场安装成品

（4）验收要求：墙钢筋混凝土保护层的设置形式、布置间距等应符合设计图纸和相关规范标准及钢筋图集的要求，如图 3-86 所示。

验收方法：查看技术资料并对照现场检查，尺量和检查隐蔽工程验收资料。

无防水抗渗要求或室内墙体（除室内人防墙外），墙钢筋保护层垫块可采用预制的塑料垫块加设。否则严禁使用塑料保护层垫块。

图 3-86　墙钢筋保护层垫块现场安装成品

（5）验收要求：墙钢筋骨架安装尺寸、墙钢筋安装垂直度应符合设计图纸和相关规范标准及钢筋图集的要求，如图 3-87 所示。

墙钢筋骨架尺寸应控制到位，施工时可采用制作的梯子筋成品进行安装控制。

图 3-87　尺量验收墙钢筋骨架尺寸

验收方法：查看技术资料并对照现场检查，尺量和检查隐蔽工程验收资料。

3.9 钢筋工程施工常见问题解析及防范措施

（1）进场钢筋复检报告未出即进行钢筋下料和钢筋安装绑扎作业，当钢筋复检结果不合格时，问题钢筋难以进行处理。

1）问题解析：

① 施工单位为了赶工期，在钢筋复检报告未出的情况下即进行钢筋下料和钢筋安装绑扎作业。

② 施工单位施工质量意识薄弱，施工管理不到位。

③ 监理单位监督管理不到位，对施工单位的违规行为未及时进行制止。

2）防范措施：

① 钢筋安装绑扎作业前，施工单位应提前策划好钢筋进场时间和复试时间，等钢筋复试结果合格后再进行钢筋安装绑扎作业。

② 监理单位做好现场监督管理工作，未经复试或复试结果不合格的钢筋，严禁使用到钢筋施工中。

（2）钢筋材料场地未进行硬化，钢筋材料未分类堆放且无架空防雨措施。

1）问题解析：

① 施工单位安全文明施工意识薄弱，施工管理不到位。

② 监理单位监督管理不到位。

③ 施工单位为了节约施工成本而未做材料场地硬化和材料架空防雨及分类堆放措施。

2）防范措施：

① 钢筋材料进场前，施工单位应策划好钢筋材料堆放场地，做好钢筋材料场地硬化工作，同时应做好钢筋架空防雨及分类堆放措施。

② 监理单位监督施工单位进行安全文明施工作业，发现违规之处，及时要求施工单位进行整改。

（3）钢筋加工区未设钢筋加工棚，加工作业人员露天进行钢筋加工作业，且钢筋加工区未做隔离措施。

1）问题解析：

① 施工单位和钢筋加工制作人员安全施工意识薄弱。

② 施工单位为了节约施工成本。

③ 监理单位监督管理不到位。

2）防范措施：

① 施工单位和钢筋加工制作人员应提高安全施工意识，严格按照安全文明施工要求进行施工作业。

② 钢筋加工作业前，施工单位应提前策划并安装好钢筋加工棚，做好钢筋加工区隔离措施。

③ 监理单位加强安全文明施工管理，要求施工单位严格按照安全文明施工要求进行施工作业。

（4）箍筋箍口处弯钩平直段长度不足或箍筋箍口处两弯钩平直段长度一长一短，不符合箍筋构造要求。

1）问题解析：

① 箍筋下料长度不足，在保证箍筋骨架尺寸的前提下，导致加工好的箍筋箍口处弯钩平直段长度不足。

② 钢筋加工制作人员的失误或钢筋加工机器的故障导致弯制的箍筋箍口处两弯钩平直段长度一长一短的出现。

2）防范措施：

① 规范钢筋下料，劳务班组开出的下料单，总包单位应对其进行审核，经审核无误后方可进行钢筋下料。

② 钢筋加工制作人员应经过专业的岗位培训并取得相应的上岗资格证书方可进行钢筋加工作业。

③ 做好钢筋加工制作机器检查工作，并定期对其进行维修保养。

④ 为了防止不合格箍筋成品使用到施工中，施工单位应安排质检人员对钢筋加工成品进行检查验收，经检查加工不符合构造要求的箍筋成品，严禁使用到施工中，如图3-88、图3-89所示。

箍筋箍口弯钩平直段长度取值原则：抗震设计时，平直段的长度为75mm和10d取大值；非抗震设计时，平直段长度为5d。其中d为箍筋直径。

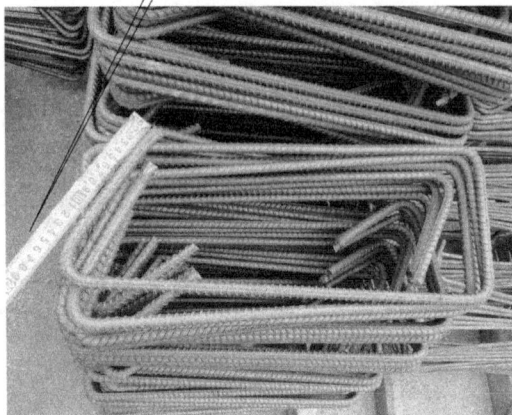

箍筋弯折尺寸应准确到位。箍筋弯折尺寸偏大，安装后一方面影响箍筋保护层厚度，另一方面影响箍筋与纵筋受力钢筋的整体连接作用；箍筋弯折尺寸偏小，箍筋难以进行安装。

图 3-88　箍筋箍口弯钩平直段长度尺量检查　　　　图 3-89　箍筋内空尺寸尺量检查

（5）钢筋直螺纹接头端部不平齐，有毛刺、马蹄口等现象，如图 3-90 所示。

1）问题解析：

① 钢筋直螺纹接头加工前未检查钢筋端部是否平齐。

② 发现钢筋端部不平齐而未进行打磨磨平处理。

③ 采用钢筋切断机进行钢筋切割，切割的钢筋存在坡口现象，然后直接拿端部坡口的钢筋进行钢筋直螺纹接头加工。

2）防范措施：

① 钢筋直螺纹接头加工前，应检查钢筋端部是否平齐，如发现有毛刺、坡口和马蹄

口等现象，应采用电动无齿锯或电动无齿砂轮打磨磨平。

② 严禁使用钢筋切断机切割用于钢筋直螺纹接头加工的钢筋，此时应采用专用的无齿锯进行切割。

（6）未对钢筋直螺纹接头成品进行保护，导致钢筋直螺纹接头破损和生锈等问题的产生。

1）问题解析：

① 施工单位管理不到位，施工质量意识薄弱。

② 施工单位节约施工成本。

③ 钢筋工程施工过程中监理单位监管不到位，没有落实好过程控制工作。

2）防范措施：

① 施工单位班前做好技术交底工作，提高成品保护意识，并做好成品保护工作。

② 监理单位做好监督管理工作，要求施工单位做好钢筋直螺纹成品保护措施，如图3-91所示。

> 钢筋切断机切割钢筋时，钢筋端部容易出现坡口现象，坡口的钢筋应经过打磨磨平后方可进行钢筋直螺纹接头加工。

图 3-90　钢筋直螺纹接头

图 3-91　钢筋直螺纹成品保护（套设塑料帽）

（7）钢筋机械连接或焊接未做工艺试验即开始进行钢筋大面积连接施工，钢筋接头连接质量得不到保证。

1）问题解析：

① 施工单位施工质量意识淡薄，仅凭施工经验进行钢筋连接作业。

② 施工单位为了节约材料试验费用，不做钢筋机械连接或焊接工艺试验。

③ 监理单位监管不到位。

2）防范措施：

①《施工组织设计》应对钢筋机械连接或焊接接头抽样送检，作相应的规定。

② 施工单位本着质量为本的原则，在钢筋机械连接或焊接大面积施工前，应在监理单位的见证下抽取钢筋连接接头做工艺试验送检，送检试验合格后方可开始大面积施工作业。

（8）钢筋机械连接时，直螺纹套筒未上紧，直螺纹接头安装最小扭矩值不符合设计和相关规范要求。

1）问题解析：

① 钢筋机械连接前，施工单位未对钢筋安装作业人员做技术交底。

② 钢筋安装作业人员施工质量意识淡薄，施工中偷懒。

③ 现场无检验扭矩值的力矩扳手，施工单位和监理单位管理人员也不重视，也不对钢筋机械连接接头进行扭矩值检验。

2）防范措施：

① 钢筋机械连接前，施工单位应根据《施工组织设计》和《钢筋工程专项施工方案》的要求对钢筋安装作业人员做相应的技术交底工作。

② 施工单位和监理单位在钢筋机械连接施工过程中做好监督把控工作，确保钢筋机械连接作业落到实处。

③ 施工单位和监理单位管理人员采用扭矩扳手现场抽样检验钢筋机械连接接头扭矩值。

（9）钢筋焊接连接出现焊包不饱满、偏包和上下对焊钢筋不同心及焊接后弯折现象，如图 3-92～图 3-94 所示。

四周焊包凸出钢筋表面的高度，当钢筋直径为25mm及以下时，不得小于4mm；当钢筋直径为28mm及以上时，不得小于6mm。钢筋焊接施工时检查发现焊包出现偏包时，应将偏包接头切除掉再重新进行钢筋焊接连接。

图 3-92　钢筋焊接接头偏包现象

钢筋焊接接头处的弯折角度不得大于3°。接头处的轴线偏移不得大于钢筋直径的0.1倍，且不得大于2mm。

图 3-93　钢筋焊接外观质量缺陷

1）问题解析：

① 钢筋对焊前，钢筋端部不平齐，对焊钢筋不同心固定，对焊后钢筋出现弯折和对焊钢筋轴线偏移现象。

② 钢筋焊接夹具选择不当、钢筋对焊操作不当等因素导致钢筋焊包不饱满、偏包现象的产生。

2）防范措施：

① 钢筋对焊前，施工单位应对钢筋焊接作业人员做好技术交底工作。钢筋焊接作业人员应严格按照技术交底内容和钢筋焊接操作规程规定进行钢筋焊接施工作业。

图 3-94　钢筋焊接接头不饱满现象

② 钢筋焊接作业人员应经过专业技能培训并获得相应的上岗资格证书后方可上岗施工作业。

③ 钢筋开始大面积施焊前，应先做钢筋焊接工艺试验，试验合格后再进行钢筋焊接作业。

④ 对焊钢筋端部应切平磨平。

⑤ 选用合适的钢筋焊接夹具，正式施焊时，对焊钢筋应同心且用焊接夹具固定牢靠。

（10）楼面混凝土浇筑完成后，墙柱钢筋出现偏位、位移现象，如图 3-95～图 3-97 所示。

> 当钢筋进行校正调整弯折后弧度小于1:6时，可直接进行校正弯折调整即可；当钢筋进行校正调整弯折后弧度大于1:6时，经设计单位同意可采用加"7"字拐补强或重新植筋的方法进行偏位、位移钢筋的处理。

> 偏位、位移钢筋经过校正处理后方可进行后续钢筋安装绑扎作业。楼板混凝土浇筑完成后可根据放设的墙柱轴线、边线和控制线进行钢筋校正调整。

图 3-95　钢筋偏位、位移

1）问题解析：

① 楼板混凝土浇筑前，墙柱钢筋未采取任何定位措施或定位措施不到位，楼板混凝土浇筑完成后，钢筋出现偏位、位移现象。

② 楼板混凝土浇筑过程中无看筋人员，施工时因外力作用产生钢筋偏位、位移，且

169

偏位、位移钢筋无人进行校正调整。

图 3-96 偏位、位移钢筋 "7" 字拐补强

钢筋植筋应有植筋方案。植筋时严格按照植筋方案进行植筋作业。同时应按照有关规范标准要求对所植钢筋进行拉拔试验，拉拔试验合格后方可进行后续钢筋安装绑扎施工作业。

图 3-97 植筋

2）防范措施：

① 楼板混凝土浇筑作业前，应采取措施定位好墙柱钢筋，定位措施应牢靠且尽量避免影响混凝土浇筑作业，如图 3-98 所示。

② 楼板混凝土浇筑时，应根据施工需要安排钢筋看护人员，施工中发现钢筋偏位、位移和踩乱等现象时，现场钢筋看护人员应及时对其进行校正处理。

（11）墙柱梁板钢筋起步筋起步尺寸超出规范允许范围值，如图 3-99～图 3-104 所示。

墙竖向钢筋起步筋

墙竖向钢筋起步筋从柱边起步尺寸应为5cm或不大于设计墙竖向钢筋间距的一半。

图 3-98 常见墙柱钢筋定位措施

图 3-99 墙竖向钢筋起步筋起步尺寸尺量验收

墙水平钢筋起步筋

墙水平钢筋起步筋距楼板面面距离为5cm。

图 3-100　墙水平钢筋起步筋距楼面距离示意图

柱钢筋起步箍筋

柱钢筋起步箍筋距楼地面距离不得大于5cm

图 3-101　柱钢筋安装成品（包含柱钢筋起步筋安装成品）

板筋起步筋距梁边距离不得大于5cm。施工前可采用在模板上划线或弹线的方法进行板筋起步筋a定位。

板筋起步筋

图 3-102　板筋起步筋距梁边尺寸尺量验收

板筋起步筋距墙边距离不得大于5cm

板筋起步筋

图 3-103　板筋起步筋距墙边尺寸尺量验收

梁筋起步箍筋

梁筋箍筋起步筋距柱边尺寸不得大于5cm。

图 3-104　梁筋起步箍筋距柱边尺寸尺量验收

1) 问题解析：

① 钢筋安装施工前，施工单位未对钢筋安装作业人员做好技术交底工作。

② 钢筋安装作业人员施工质量意识淡薄，施工时为图方便不按照要求进行钢筋安装绑扎作业。

③ 施工单位管理人员现场管理不到位，且监理单位未做好施工过程控制。

2) 防范措施：

① 钢筋安装绑扎作业前，施工单位应对《施工组织设计》中有关钢筋工程施工的内容和《钢筋工程专项施工方案》的内容向钢筋安装作业人员做详细的技术交底工作。

② 施工单位管理人员做好现场管理工作，施工过程中发现问题及时要求劳务单位落实整改。

③ 监理单位做好施工过程控制，施工过程中检查发现的问题，及时要求施工单位落实整改。

（12）框架柱箍筋加密区段长度达不到设计图纸和钢筋图集构造的要求，施工中表现为加密箍筋加密个数不足，如图 3-105 所示。

框架柱柱根加密箍筋和柱中非加密箍筋之间的分界箍筋。

框架柱柱根箍筋加密区段

框架柱柱根箍筋加密区段长度一般为500mm、框架柱长边尺寸和楼层净高的1/6或1/3(当框架柱柱根为柱的嵌固部位时)三者中取大值。当设计图纸有框架柱柱根箍筋加密区段长度时，按设计图纸规定长度进行施工。

图 3-105　框架柱柱根箍筋加密区段

1) 问题解析：

① 施工单位施工前未熟读结构施工图纸，未熟悉钢筋图集中有关构件的构造要求。

② 施工单位未对钢筋作业人员进行班前技术交底工作。

③ 施工单位管理人员管理不到位，钢筋安装作业人员偷工减料。

④ 监理单位未做好施工过程控制，施工中存在的问题未及时要求施工单位落实整改。

2) 防范措施：

① 柱筋安装作业前，施工单位应先熟读有关设计图纸和钢筋图集对柱筋的构造要求，施工前做到心里有数。

② 柱筋安装作业前，应对钢筋安装作业人员做好技术交底工作。施工过程中，施工单位做好监督管理工作，确保工作落到实处。

③ 监理单位做好施工过程控制，施工过程中发现的问题，及时要求施工单位进行整改。

（13）梁柱节点处柱箍筋未全高加密，箍筋加密个数不足，如图 3-106 所示。

梁柱节点钢筋设置应遵循"强柱弱梁，节点更强"的原则，梁柱节点处柱箍筋间距一般取100mm，设计图纸对箍筋设置间距有要求时严格按照设计图纸要求进行施工。

图 3-106　梁柱节点处柱箍筋加密个数不足

1）问题解析：

① 施工单位对梁柱节点钢筋加强的重要性认识不足。

② 钢筋安装绑扎作业前，施工单位未对钢筋安装绑扎作业人员做技术交底。

③ 施工单位管理人员管理不到位，钢筋安装作业人员偷工减料。

④ 监理单位未做好施工过程控制，施工中存在的问题未及时要求施工单位落实整改。

2）防范措施：

① 施工单位在梁柱节点钢筋安装绑扎前，应先熟悉梁柱节点钢筋相关图纸及其在钢筋图集中的构造要求，充分了解梁柱节点箍筋加强的重要性。

② 梁柱节点钢筋安装绑扎前，施工单位应对钢筋安装作业人员做好技术交底工作。

③ 监理单位做好施工过程控制，施工过程中发现的问题，及时要求施工单位进行整改。

（14）梁筋在墙柱支座处的锚固长度不足，达不到设计图纸和钢筋图集要求，如图 3-107 所示。

1）问题解析：

① 施工单位对梁钢筋在墙柱支座处的锚固构造不了解，对钢筋图集不熟悉即进行梁钢筋下料。

② 钢筋加工制作人员加工操作失误导致钢筋下料出现问题。

梁在柱支座处的锚固应伸至柱支座对边钢筋内侧再进行弯折15d。

此处为柱支座对边钢筋内侧。

图 3-107　梁筋在柱支座处锚固长度不足

③ 施工单位未对梁钢筋下料单进行审核，梁钢筋下料单存在问题。

④ 监理单位未做好施工过程控制，施工中存在问题未及时要求施工单位落实整改。

2）防范措施：

① 劳务班组在进行钢筋下料前，应先熟悉施工图纸和钢筋图集再进行钢筋下料。

② 施工单位对劳务班组开具的钢筋下料单进行审核，审核无误后方可允许劳务班组进行钢筋下料。

③ 钢筋加工制作完成后施工单位组织人员对钢筋成品进行检查验收，验收合格的钢筋成品方可允许使用到施工中。

④ 监理单位做好施工过程控制，梁筋安装绑扎发现问题及时要求施工单位落实整改。

(15) 梁箍筋加密区段长度达不到设计图纸和钢筋图集构造要求，箍筋加密个数不够。

1) 问题解析：

① 施工单位对设计图纸和钢筋图集有关梁箍筋加密构造不熟悉、不了解。

② 施工单位在进行梁钢筋安装绑扎作业前未对钢筋安装作业人员做技术交底工作；

③ 施工单位管理不到位，钢筋安装作业人员为图施工方便而偷工减料。

④ 监理单位监督管理不到位，未做好施工过程控制，施工过程中发现问题未及时要求施工单位落实整改。

2) 防范措施：

① 梁钢筋安装绑扎作业前，应先熟悉施工设计图纸和钢筋图集。

② 梁钢筋安装绑扎作业前，施工单位应先对钢筋安装绑扎作业人员做好技术交底工作。

③ 施工单位管理人员加强施工管理，施工中发现的问题及时要求劳务班组进行整改。

④ 监理单位做好梁筋绑扎过程控制，施工中检查发现梁箍筋加密不到位问题，及时要求施工单位进行整改。

3.10 绿色施工在钢筋工程施工中的应用

3.10.1 钢筋工程绿色施工的意义

钢筋混凝土结构施工成本投入中，钢筋材料的成本投入占有很大的比重。如何充分利用钢筋材料，避免钢筋材料不必要的浪费，为企业创造更多的利益和价值，是施工企业永恒不变的主题。钢筋材料加工制作过程中，在钢筋长度尺寸一定的情况下，因受施工设计图纸和相关规范标注及结构图集构造的要求，不可避免的会产生一些钢筋废料。钢筋废料在施工中如果得不到充分有效的利用，将会导致钢筋材料成本的不必要浪费。绿色施工在钢筋工程施工中的运用，主要体现在钢筋废料如何能够充分利用到工程施工中，通过充分合理的利用，为施工创造更多有利的条件和价值。另一方面，钢筋工程绿色施工水平也是一个施工企业，一个施工项目部的管理水平和技术水平高低的体现。因此，在钢筋工程施工中，要重视绿色施工在钢筋工程施工中的运用，为企业创造更多的财富和价值。

3.10.2 钢筋工程绿色施工实例应用

(1) 利用钢筋废料充当二次结构砌体门窗过梁中的骨架钢筋。当钢筋废料长度达不到设计门窗过梁或窗台压梁长度时，可根据相关规范标注或图集构造要求将不同长度的钢筋废料进行搭接接长或焊接补长，如图 3-108、图 3-109 所示。

预制钢筋混凝土过梁成品

钢筋混凝土过梁可在现场预制或直接在砌体门窗洞口上安装钢筋模板现浇而成。

图 3-108　预制钢筋混凝土过梁

图 3-109　预制钢筋混凝土过梁安装成品

（2）将钢筋废料组合焊接成钢筋网格片，25～50cm 结构临边洞口采用焊接的钢筋网格片进行封盖防护，如图 3-110 所示。

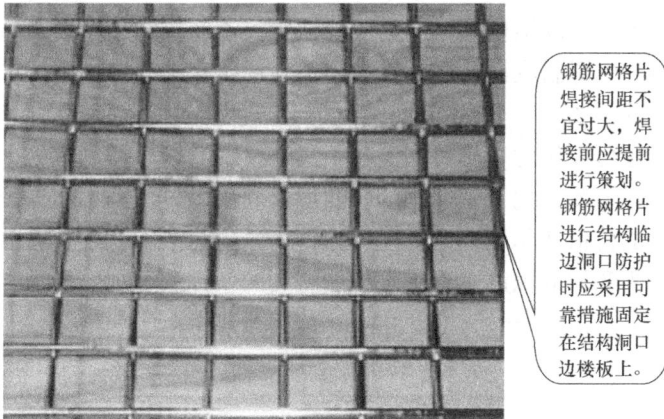

钢筋网格片焊接间距不宜过大，焊接前应提前进行策划。钢筋网格片进行结构临边洞口防护时应采用可靠措施固定在结构洞口边楼板上。

图 3-110　钢筋网格片

（3）将钢筋废料加工成工具式、定型化防护栏杆或防护门，一个项目施工完成后可以周转到下个项目继续使用。

（4）、楼板混凝土浇筑前将钢筋废料当做楼梯构造柱板面预留筋或二次结构砌体构造柱板面预留筋进行预埋，如图 3-111 所示。

二次结构砌体构造柱根部钢筋宜提前在楼板混凝土浇筑前进行预埋，以免后续施工需要在结构板面植筋。

图 3-111　二次结构砌体构造柱板面预埋筋

（5）将钢筋废料作为水电穿板或穿墙洞口补强钢筋进行补强，如图 3-112 所示。

补强钢筋

补强钢筋的构造应符合设计图纸和相关规范标准以及钢筋图集构造的要求。

图 3-112　水电穿板洞口钢筋补强

（6）将钢筋废料加工成结构板马凳筋或墙柱梁板钢筋拉钩。

（7）钢筋废料可以焊制成钢筋网片作为施工现场截水沟或排水沟等低洼处的盖板，以满足安全文明施工的需要。

（8）废钢筋头还可以作为基础垫层混凝土浇筑厚度及标高控制措施。

绿色施工简单地说就是把看似无用的东西加以利用、合理利用、充分利用以及灵活运用，以体现其应有的价值和作用。只要能够把钢筋废料灵活、合理、充分地运用到钢筋工程施工中，那么将为我们的钢筋工程施工创造有利的条件和可观的价值。